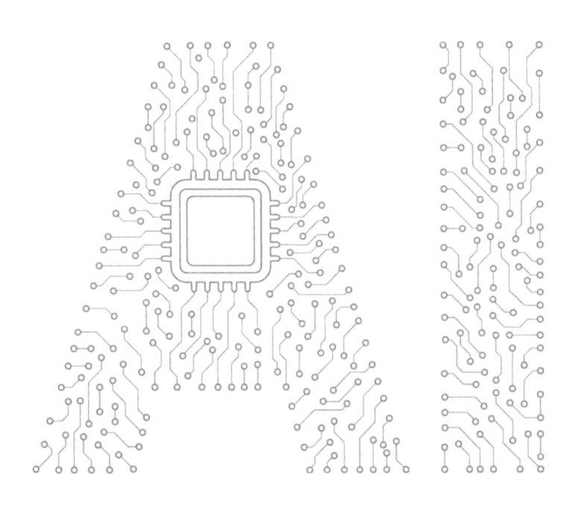

AI智能语音技术

与产业创新实践

李荪 曾然然 殷治纲◎编著

AI Intelligent Speech Technology and Industrial Innovation Practice

人民邮电出版社
北京

图书在版编目（CIP）数据

AI智能语音技术与产业创新实践 / 李荪，曾然然，殷治纲编著. -- 北京 : 人民邮电出版社，2021.12（2023.7重印）
ISBN 978-7-115-57908-9

Ⅰ. ①A… Ⅱ. ①李… ②曾… ③殷… Ⅲ. ①人工智能—应用—语音识别 Ⅳ. ①TP18②TN912.34

中国版本图书馆CIP数据核字(2021)第226633号

内 容 提 要

本书从技术、应用和产业 3 个维度为切入点，对智能语音语义领域相关的热点和趋势展开研究。本书首先以“从人际交流到人机对话”开篇，讲述人类语音生成、传播和感知的过程，引发对于机器智能语音听说的思考，进而阐述技术探索发展史；分析了以语音交互为核心的技术现状，综合剖析提出全双工、端到端模型构建、语音假冒攻击等热点；其次，从政策、投融资和产业规模上，分析整体智能语音产业环境，纵观国内外企业在相关技术和产品上的积极布局，介绍了智能语音的产业链和产业格局；最后，围绕语音交互技术形成的应用，以智能汽车、智能家居、可穿戴设备、智能客服、医疗、教育等诸多细分领域为代表，提出“AI+基础服务”“AI+硬件设备”“AI+垂直行业”3 种应用转化参考模式，并列举实际具体案例和解决方案。

本书适合从事人工智能技术研发、产品应用、市场规划的工程技术人员和管理人员参考使用，也可作为高等院校人工智能相关专业师生的参考用书。同时，也适合对人工智能语音技术感兴趣的相关人员阅读。

◆ 编　著　李　荪　曾然然　殷治纲
责任编辑　刘亚珍
责任印制　陈　犇

◆ 人民邮电出版社出版发行　　北京市丰台区成寿寺路 11 号
邮编　100164　　电子邮件　315@ptpress.com.cn
网址　https://www.ptpress.com.cn
北京天宇星印刷厂印刷

◆ 开本：700×1000　1/16
印张：17　　　　　　2021 年 12 月第 1 版
字数：232 千字　　　2023 年 7 月北京第 6 次印刷

定价：129.80 元

读者服务热线：(010)81055493　印装质量热线：(010)81055316
反盗版热线：(010)81055315
广告经营许可证：京东市监广登字 20170147 号

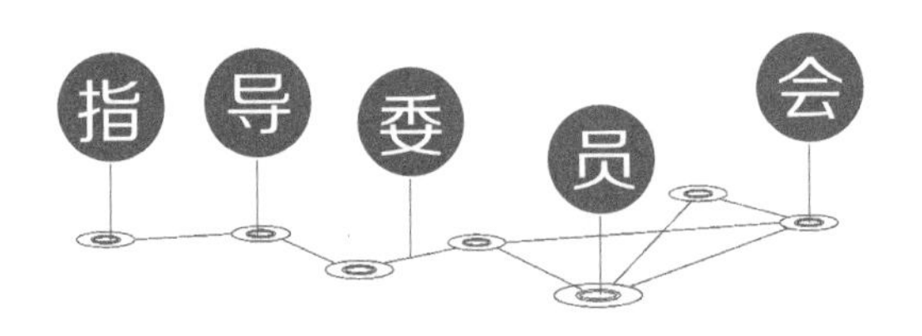
指 导 委 员 会

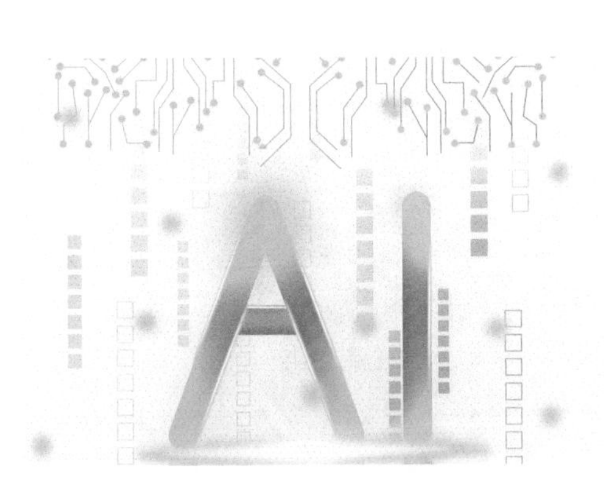
AI

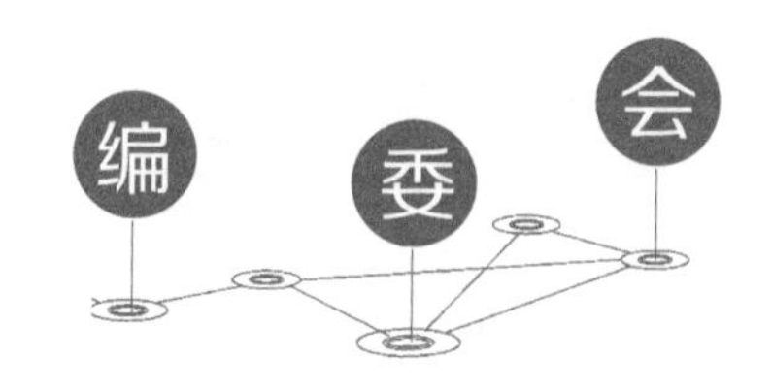
编
委
会

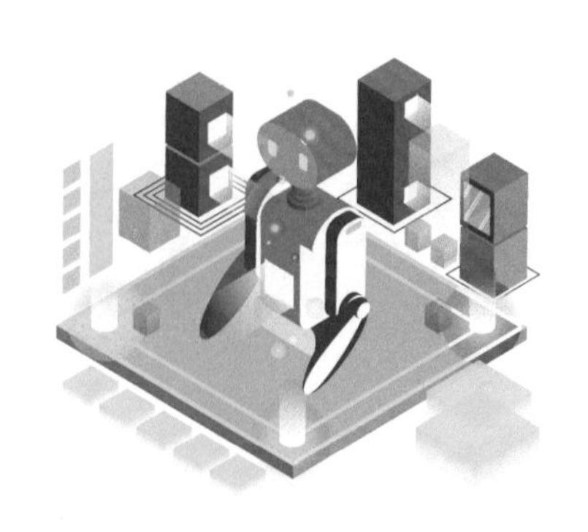

推荐序1

21世纪的前20年，互联网技术与经济社会融合加速推进，海量数据资源不断汇聚沉淀，先进计算技术的突飞猛进也为海量数据的处理提供了强大的算力基础。在海量数据和算力进步的共同作用下，人工智能迎来第三次发展浪潮。

党的十八大以来，我国将人工智能发展上升为国家战略，促进人工智能发展的政策环境不断优化，技术创新和产业应用加速落地。语音是人类最自然、最常用的沟通媒介。智能语音技术作为人工智能技术的重要组成部分，是国家政策支持的重要方向。近几年，语音识别、声纹识别、语音合成、智能问答等技术产品不断推陈出新，智能家居、网联汽车、智能客服等新兴领域迅猛发展，智能语音技术与金融、医疗、政务等行业场景融合持续加深，塑造数字时代人与机器、人与人交互的新模式，深刻改变着人们的生活方式。

然而，智能语音涉及的技术体系庞杂，产品类型五花八门，应用场景各有不同。想要快速了解这个行业的发展状况，经常找不到具体方法，目前，市场中，智能语音的相关专业图书较少。本书编著者及编委会成员长期从事智能语音工作，对智能语音基本技术和产业应用有丰富的经验和深刻的理解认识。本书凝聚了他们的专业知识和深刻洞察，专业而全面地介绍了智能语音领域相关的基础知识，深入分析了智能语音的政策环境，全面呈现了智能语音产业生态及应用实践，值得从业者和关心行业发展的人士阅读与参考。希望本书能够给读者呈现智能语音技术产业的全貌，快速建立知识框架，准确把握产业发展脉搏，也能激发读者一些新思考。

中国信息通信研究院云计算与大数据研究所副所长

魏凯

2021 年 12 月 2 日

推荐序 2

自阿尔法围棋（Alpha Go）在与李世石的人机对战中取胜后，全球掀起了人工智能的又一波热潮。不同于以往的是，在这一波热潮中，学术界与产业界的结合愈加紧密。一些高校或地方纷纷成立人工智能研究院，加强理论研究和技术研发；各行各业也积极引入人工智能技术，为产品赋能，助力产业升级。

在所有的人工智能技术中，语音技术是人类最容易感知的技术之一，它可以助力人类与机器以非常自然的方式进行交互。这在很大程度上得益于作为语言载体的语音信号具有“形简意丰”的特点，即形式简单、意义丰富。由于在一句话中可以传递内容、身份、情感等多层信息，语音正在成为继键盘、鼠标、触控后，最有前景的全新人机交互方式之一。例如，不同的语音技术的无缝融合，可以用“一句话解决问题”的方式实现“确定的和预期的互动”（Identified and Intended Interaction，III），为老年人、弱势群体以及普通用户提供简单、安全、优雅、自然的人机交互界面！我国著名的语言学家吴宗济先生很早就指出，语音技术其本质是一种“言语工程”，对它的研究，其根本是为了把语言这个工具用好，在几代语音技术研究工作者的共同努力下，我们离这一目标又近了一步。

回顾人工智能发展历程，从1956年到现在，目前的技术仍只能解决特定场景下的有限问题。诚然，深度学习技术的快速发展同时促进了语音技术的产业应用，但采用深度学习技术建造的语音系统易受攻击、稳定性不高、可解释性和鲁棒性较差。我国人工智能领域奠基人张钹院士认为，要破解这一难题，必须融合知识驱动和数据驱动，建立起可解释和鲁棒的人工智能理论与方法，他将其称为“第三代人工智能”。2019年，清华大学人工智能研究院听觉智能研究中心正是在这一背景下成立的。

目前，市场中以智能语音技术为卖点的产品越来越多，虽然产品的质量良莠不齐，但是对于推进智能语音技术的应用是件好事。产品要想应用好智能语音技术，关键是要从真正有社会和应用价值的需求出发，结合场景创新与技术创新，同时还要满足国家对个人信息保护和数据安全等方面的政策规范要求。这就需要“产、学、研、用”各界一起努力，加强交流学习，加深跨界合作。

本书将智能语音技术和产业应用实践相结合，从基础理论出发，介绍了语音处理技术的几个不同分支，阐述了国家在语音技术方面的相关政策、标准制定和行业落地实践，同时对未来与其他技术的融合进行了展望，符合当下学术界和产业界将技术进一步融入产业的需求。此外，书中对智能语音技术的介绍深入浅出，通俗易懂，因此对非语音专业的读者也是一本不错的参考书。相信这本书能让更多的人对智能语音技术产生兴趣，对智能语音产业产生关注，从智能语音技术的角度推动第三代人工智能的发展。如此，则语音行业一定会有更好的前景。

潮平两岸阔，风正一帆悬。智能语音产业化发展大势所趋，高校培养的人才在不断涌入，希望所有致力于智能语音处理技术理论探索和产业发展的相关人员在这条阳关大道上乘风破浪，开创智能语音新时代！

清华大学人工智能研究院听觉智能研究中心主任、
得意音通创始人、得意音通研究院院长

郑方

2021 年 11 月 16 日

推荐序3

近年来，随着人工智能技术的迅猛发展，作为人工智能技术核心领域之一的智能语音技术正逐步成为社会关注的热点。从技术内容来看，智能语音技术主要包括语音识别、语音合成、语音增强、语音转换、语音翻译、语音理解等内容。另外，它和自然语言处理等技术也有着密切联系。从学科特点来看，智能语音技术涉及计算机科学、语言学、数学、物理学、心理学、认知科学、脑科学等领域，具有明显的学科交叉性特点。从成果内容来看，智能语音技术可以应用于人机对话、机器翻译、语言教育、语言评测、发音人识别、智能家居、聊天机器人等应用场景，具有显著的应用性特点。

以往关于智能语音技术的书籍虽有不少，但是大多数局限于工程技术层面，比较缺乏多层次、全视角的行业概览式著作。本书很好地弥补了该领域的不足。本书的编著者都是来自国家级科学研究和工程技术研究单位的专家学者，对于智能语音技术的研究、应用和产业政策有着专业而独特的认识。正因为如此，他们才能对智能语音技术进行言简意赅且系统全面的阐述。总的来看，本书具有以下特点。

第一，内容丰富，视角独特，从“产、学、研”多个层面对智能语音技术发展历程及其应用进行了综合介绍。以往智能语音技术相关著作大多集中在工程技术与应用技术介绍上，很少涉及底层语言学和语音学知识，也较少涉及社会应用和产业政策的介绍。该书是目前比较少有的从科学层面、技术层面和应用层面对智能语音技术进行全新视角介绍的著作，有利于读者在很短时间内对该领域建立起较为全面的认知。

第二，内容新颖，时效性强，紧跟前沿技术和时代潮流。和其他人工智能技术类似，智能语音技术的发展也非常迅速。近30年来，不管是在语音合成还是语音识别等领域，主流技术都已经出现了多次更替。同时，语音技术新的应用场景也层出不穷。该领域以往很多著作的内容已经明显落后，不能体现最新学科状况。本书对各代语音技术的发展脉络进行了系统性梳理，尤其对最新的语音技术和产业应用有紧密追踪，使读者能对该领域的历史沿革和最新进展有较为全面的了解。

第三，深入浅出，言简意赅，便于初学者阅读和学习。智能语音技术涉及诸多学科和行业的前沿性知识，对初学者而言有较高的技术壁垒和学习难度。本书用通俗易懂的文字把各层面较为复杂的内容进行了深入浅出的阐述，便于初学者或者产业投资者阅读学习。

综上所述，本书具有视角独特、内容全面、难度适中、便于学习的特点，能够帮助读者在很短时间内建立起对语音技术、语言科学、社会应用和产业政策等领域的认知，相信对普及语音科学技术知识、促进语音技术应用发展起到重要作用。

中国社会科学院语言研究所研究员，博士生导师

李爱军

2021年10月23日

推荐语

2021人工智能十大关键词，可信人工智能（Artificial Intelligence，AI）、工程化、大模型、人脸安全、治理、超级自动化、机器学习操作(Machine Learning Operations，MLOps)、知识计算、多模态融合和行业融合。从这些关键词中可以看出，人工智能的发展不仅是算法、模型和技术的问题，而且是能否抓住AI新时代机遇的问题。这一问题的关键取决于能否良好地运用AI技术并寻找合适的应用场景。在AI工程化从学术走向产业的进程中，“融合”尤为重要，人工智能要做成科学的工程，需要与周边相关的技术融合发展。本书以智能语音作为切入点，从技术、应用和产业3个维度，强调了生态平台、标准建设和场景融合的重要性，结合大数据、云计算、安全和多模态等多个热点话题，以创新实践的方式让AI更接地气。

——何宝宏

中国信息通信研究院云计算与大数据研究所所长

近期智能语音技术发展很快，它是人工智能应用前景明确的细分领域之一。中国电信很早就聚焦AI技术的场景化开发和应用，将智能语音服务全面、深入地应用于在线客服，推动语音导航服务采取“去菜单化”，实现自动识别、深入理解客户语音诉求，全方面提升客户感知。本书从基础技术、行业标准、创新算法、产业应用等多角度深入浅出地进行了系统阐述，既可作为初学者的入门材料，也可作为智能语音在客服、工业、医疗等多领域应用的研发人员参考用书。

——谭华

中国电信研究院行业与应用研究所所长

全球人工智能产业发展方兴未艾，其中，智能语音已进入规模化发展并保持快速发展态势。在深度学习、云计算、大数据和5G等基础技术的加持下，智能语音技术不断深入教育、医疗、家庭、办公等各大应用场景，并逐步赋能产业化转型升级。本书搭建了较完整的智能语音技术到应用的逻辑框架，有助于读者对智能语音领域的全面了解。

——高建清

科大讯飞研究院副院长

语音是最贴近人类交流的方式之一，人工智能要想达到真正的智能，语音交互能力必不可少。目前，智能产品正在积极引入智能语音技术，在车载、家居等场景下极高地提升了人机交互体验和效率。本书介绍了智能语音可落地的行业场景，对从事智能语音产品研发设计及相关人员提供了很好的参考，无论是从广度还是深度上，都为智能语音技术的产品化落地打开了新视角。

——龙梦竹

思必驰首席营销官CMO

智能语音系统的发展推动着人类生活的进步，人机之间实现便捷沟通的同时也暴露了各种安全问题。例如，语音助手个人数据隐私保护和信任、语音深度伪造和欺诈等。本书特别提到“语音+安全”的话题，从技术规范、信息保护等方面进行了详细的阐述，结合典型案例为读者生动地展示了安全的重要性，语言朴实简练，发人深省。

——翟尤

腾讯研究院产业安全中心主任、高级研究员

智能语音技术作为人工智能感知向认知发展的关键技术，促进了人机交互快速发展，具有丰富的产业化应用场景。本书系统地介绍了语音的来源、智能语音技术及产业发展，为从事智能语音技术的工程人员和企业的管理人员提供了很好的专业视角。

——卜辉

AISHELL & SpeechHome 创始人兼 CEO

声音是人类最早研究的物理现象之一，随着人工智能技术的逐步成熟，以语音为代表的声学技术开始更加广泛地应用于各行各业，相关新兴企业也迅速崛起。除了大家日常熟知的语音识别、语音合成等 AI 智能语音领域，在环境声学、医学超声、工业超声等领域的智能化技术和应用还具有巨大的发展潜力和商业价值。本书通过对智能语音技术产业体系化的梳理和分析，从多个视角为我们展示了智能语音的全景图，也为声学智能的发展带来新的思考。

——刘富

数海信息集团董事长

智能语音作为人工智能的一个重要组成部分，很多读者对智能语音可能既熟悉又陌生。熟悉的是它随处可见的应用；陌生的是其发展历程、产业现状和未来趋势。本书较为全面地梳理了智能语音领域的技术、应用和产业发展，对智能语音相关从业者、人工智能领域爱好者乃至更广大的科技爱好者来说都是值得学习参考的读物。

——刘志

深圳黄鹂智能科技有限公司 CEO

伴随着深度学习的发展，智能语音技术在近年来也得到了快速发展。最近几年市场中出现了多本较为畅销的智能语音图书，不过大部分从技术角度切入。本书除了介绍重要的语音基础知识及相关技术之外，还从应用和产业的角度，深入地介绍了产业现状与编著者多年的观察和实践，不仅适合行业内相关的技术人士阅读，而且可作为从事智能语音产品、市场和咨询、商业战略发展等人士的参考用书。

——叶顺平

出门问问信息科技有限公司工程副总裁

前言

随着人工智能时代的到来，语音作为人类沟通最普遍的方式，智能语音技术的应用和发展直接关系到人与机器间的互动和交流，同时也是推动人工智能向感知智能和认知智能转变的关键。

中国信息通信研究院的数据显示，2020年我国人工智能产业规模为3031亿元。在整个人工智能产业中，智能语音产业化程度相对成熟，是所占份额比例较大的细分领域，整个行业始终保持着高速发展，并将在未来持续保持下去。智能语音技术具有广阔的行业应用场景，目前已被应用于教育、交通、医疗、客服、个人语音助手等行业市场和个人用户领域，形成完整的产业链结构。智能语音突破技术落地困境、顺利实现产业化应用主要来源于两个方面的驱动支持：一是智能语音技术发展较早，技术成熟度较高，得到了大数据、云计算等新兴技术的加持；二是国家政策支持智能语音技术发展，立项重点扶持，各行业的资本也持续关注语音交互等技术的发展和产业落地情况。2017年7月，国务院印发《新一代人工智能发展规划》，确立了新一代人工智能发展三步走战略目标，将人工智能上升到国家战略层面，明确到2030年，人工智能理论、技术与应用总体达到世界领先水平，中国成为世界主要人工智能创新中心。此后出台的相关政策更具针对性，关注智能语音等人工智能技术与社会经济产业相结合的价值，强调技术的落地效应。

本书作者就职于中国信息通信研究院、中国电信北京研究院和中国社会科学院，长期从事智能语音技术和产业发展研究。本书融入了作者长期积累的技术经验和产业落地化思考，希望帮助读者全面了解智能语音基础技术及行业落地实践，明晰智能语音行业发展现状。

本书以技术、应用和产业3个维度为切入点，对智能语音语义领域相关的热点和趋势展开研究。第1章以“从人际交流到人机对话”开篇，介绍了语言学、语音的产生和感知相关知识，引发对于机器智能语音对话的思考。第2章“智能语音基本技术”阐述了技术探索发展史，介绍了语音识别、语音合成、自然语言处理等语音交互技术以及端到端学习等深度学习新兴技术。第3章“智能语音产业发展”从智能语音的政策环境、市场生态、标准规范等，分析整体智能语音产业环境，总结产业应用创新实践。第4章“AI语音与热点话题和技术：千丝万缕的联系”介绍了智能语音和大数据、云计算等新兴技术的融合服务，以及语音+安全、语音+普惠服务等热点话题。

本书适合从事智能语音技术研发、产品应用、市场规划的工程技术人员和管理人员参考使用，也可作为对智能语音技术和产业化发展感兴趣读者的入门读物。

由于编著者能力有限，所以书中难免有疏漏之处，望读者多加包涵，欢迎批评指正。

编著者

2021年9月于北京

目录

第 1 章 从人际交流到人机对话

1.1 语言“塑造”了人类

45 亿年来，在地球这颗蔚蓝色星球上曾先后出现过无数的物种，但是迄今为止，只有人类这个物种进化出了高级智慧，创造出了先进文明，并成为地球上真正的统治物种。根据达尔文的进化论，人类是由其他动物进化而来的，人类进化示意如图 1–1 所示。

图 1–1 人类进化示意

现代生物学研究也证实，人类和黑猩猩的基因相似度高达 96%。但是为什么地球上的其他生物仍然停留在蒙昧状态，而唯独人类进化出了高级智慧呢？为此，人们曾提出过很多猜想。例如，有人猜想人类可能是外星人创造的生物，很多宗教神话则认为人类是上帝或者天神创造的高级生物……不过，语言学家对此有自己的看法——他们认为“语言”可能是使人类进化出高级智慧，成为智慧物种的决定性因素。

1.1.1　语言在人类进化过程中的作用

有些语言学家认为，直立行走和语言是促使人类走上与其他动物不同的演化之路的两大因素。

首先，直立行走为人类语言的形成提供了智力和生理基础。现代考古学发现，人类最早的祖先——300 万年前的非洲南方猿人已经会直立行走。直立行走解放了非洲南方猿人的双手，使其能做灵巧的动作，制作复杂的工具，这刺激了非洲南方猿人大脑的发展。早期非洲南方猿人的脑容量只有 400mL 左右，和黑猩猩并没有太大差别，但是现代人的脑容量已经可以达到 1500mL 左右。这种变化为人类的进化提供了智力基础。此外，直立行走改变了猿人的身体结构，使其喉头下降了几厘米，形成了和口腔垂直的咽腔，使舌头具有了更大的活动空间，从而能发出更多的声音。这为人类语言的形成提供了生理基础。

其次，语言进一步促进了人类智力的发展，使人类成为具有高级智慧的动物。如果说直立行走是人类进化的“第一推动力量”，那么当语言出现之后，它就成为新的推动人类不断进化的重要力量之一。语言和大脑之间存在互相刺激和发展的过程。语言的发音动作涉及 3 套生理系统的协同工作——肺部的呼吸为声带振动发声提供动力，声带振动后产生声波信号，声波信号经过口腔等发音器官的调控后转换成不同的语音信号。这一系列动作涉及几十块肌肉的协同工作。大脑如果没有发达的神经系统，就很难实现这么多器官和动作的协同配合，所以大脑发展是语言发展的基础。另外，说话的发音动作很小，速度可以达到一秒十几个音节，形成的声音序列包含了大量的信息。记忆和理解这些信息又刺激了大脑的进化，使人类变得更加聪明。

最后，语言的出现促进了人类文化和文明的发展。语言使人类更好地认识世界，促进了人类社会的交流与合作，使人类具有了比其他动物更强大的生产力和生存能力。同时，随着文字的发明，语言还使人类具备了积累和传承知识的能力，人类社会的知识文化不断发展，最终开启了人类的文明之路。

综上所述，语言对人类的进化和文明的发展具有重要作用。从一定意义上说，是语言使人类成为万物之灵长。虽然现代科学发现，鸟类、哺乳动物等也具有一定的“语言”交际能力，但是它们的交际能力包含的声音种类和概念数量都比较有限，而人类语言的丰富程度和复杂程度要远远超越动物。例如，从语音角度看，人类的语音系统包括上百种音素，并可形成数量庞大的音节组合；语义系统可以表达上百万种概念，包括很多抽象概念；语法系统具有复杂的词法、句法，甚至篇章规则，可以表达各种复杂的情态……与其他动物的交际系统相比，人类语言系统不管在数量方面还是质量方面都非常复杂，这也可能是造成人类与其他动物智力差异的关键因素。

1.1.2　语言的功能

语言带给人类的能力是多方面的。根据现代语言学理论，人类语言具有以下几大功能。

1. 语言是信息编码工具，使人类加深了对世界的认识

语言实际是一种描述世界的符号系统。语言符号的数量越多，形态越复杂，意味着人类对世界的了解越全面、越深刻。

2. 语言是人际交往工具，促进了人类社会的发展

人类通过语言交流可以表达思想、交换信息、开展合作等，这些

交际行为推动了人类社会的形成和社会化大合作。社会化大合作使人类具有单个（或少量）生物所不具有的强大力量，使其在自然的生存竞争中逐渐胜出，成为地球上的统治物种。

3. 语言是思维的工具，促进人类智力的进化

人类的知识、概念不仅要依赖语言符号来描述和表达，人类在其基础之上的各种意识活动和思维过程也都依赖于语言符号系统。通过语言媒介，人类的思维能力日益强大。

4. 语言是知识传承的媒介，促进科学文化的发展

语言交流使人类之间可以传递信息，传授知识。在语言文字发明之后，人类还可以通过文字形式来记录和保存知识，使知识的积累和传承超越时空的限制。人类的知识日益增多，并逐步形成科学文化。

5. 语言还有其他很多功能，使人类社会更加完善而精彩

例如，语言具有情感功能，可以表达丰富细腻的情感；语言具有娱乐功能，人们可以通过唱歌、相声、戏曲等形式愉悦身心……

由此可见，语言不仅促进了人类智力的进化，使人类成为万物之灵长，而且推动了科学文化和文明形态的不断进步。

1.2　语言与语言科学

1.2.1　人类语言概况

人类语言的数量众多，有 6000 ～ 8000 种。在确定语言数量时，一个主要难题是很多语言与方言的划分标准存在争议。因此，如果采用一个更加宽泛而“安全”的标准，也可以说，世界语言有 4000 ～ 10000 多种。

世界上各种语言的使用人数和影响力很不均衡。据统计，使用者最多的

20 种语言（含方言）的母语者人数占了世界人口的 57%。其中，影响力最大的语言是汉语和英语。汉语的使用人数最多，超过 10 亿；英语的使用范围最广，使用人数超过了 5 亿。除了汉语和英语之外，使用人数较多的语言还有印地语、西班牙语、俄语、孟加拉语、葡萄牙语、德语、法语、日语、乌尔都语等。世界影响力排名前 20 的语言的发源地基本都在东亚、南亚和欧洲大陆。这些地区的特点一般是地理位置便利、经济发达、宜居。与这些较大的语种相比，其他绝大多数语言的使用人数则很少，甚至有很多语言的使用者只有几个人，成为名副其实的濒危语种。据人类语言学专家估计，世界上每年消失的语言有几十种。这一现象值得我们关注，相关机构应当采取必要的语言保护措施，保护人类濒危的语种。

人类语言虽然众多，但它们具有一些共同特点，例如，一些语音系统、语法系统和语义系统。此外，人类语言还具有其他特点，主要包括任意性、线条性、层级性、系统性、递归性、移位性、创造性等。

从语言的类型看，语言可以分为屈折语、孤立语、黏着语，以及复综语（多式综合语、编插语）等。具体如下。

屈折语以词形变化作为表示语法关系的主要手段，以印欧语系语言为代表，例如，俄语、英语、法语等。

孤立语也称为词根语，以汉语为突出的代表。

黏着语也有丰富的词形变化，但一般只是通过词尾变化表示不同语法意义，且变词语素与词根结合不紧密，其代表语言为土耳其语、日语等。

复综语的突出特点是词、句合二为一，多个成分互相编插组合在一起，难以分出独立使用的词，只能连缀成句子使用，其代表语言为印第安语等。

1.2.2　和语言有关的科学与技术

语言对人类的意义重大，因此，研究语言可以让我们更好地了解自我和社会。随着科学文化的发展，人们也逐渐形成了和语言有关的诸多科学与技术。

研究语言的科学称为语言学（Linguistics）。它是一门横跨自然科学和社会科学的综合性科学。要想了解语言的奥秘，需要从语言科学的各个维度进行探索。英国著名的语言学家戴维·克里斯特尔在其编写的《现代语言学词典》中，将语言学的主要分支归类如下。

1. 语音学

语音学（Phonetics）研究人类发音特点，特别是语音发音的特点，并提出各种语音描写、分类和转写方法的科学。

2. 音系学

音系学（Phonology）语言学中研究语音系统的分支科学。

3. 形态学

形态学（Morphology）语法的一个分支，研究词的结构或形式，主要借助语素这一要素的科学。

4. 句法学

句法学（Syntax）研究语言中词组合成句子的规则的科学。

5. 语义学

语义学（Semantics）研究语言的意义的科学。

6. 语用学

语用学（Pragmatics）从使用者的角度研究语言的科学。

语言学还有一些其他分支或者交叉学科，例如，历史语言学、语言类型学、方言学、社会语言学、心理语言学、计算语言学等。

1.3 语音的产生与感知

1.3.1 语音交互与言语链

语音，即语言的声音，是人的发音器官发出的具有一定实际意义的声音。口语是基于语音的交际形式。它是语言的物质外壳和外部形式，是最直接记录人的思维活动的符号体系。

语音交互是人们最自然、最便捷的交际形式。这主要基于几个原因：一是人类数百万年来进化出了完善的语音生理器官，既包括肺、声带、口腔等发音生理系统，又包括耳朵等接收语音的生理系统；二是人类的发音速度很快，每秒可以产生十几个音节，这基本是人类最快捷的即时信息交互方式；三是人类语音系统包括的声音形态（音素）众多，组合形式（音节和音节序列）丰富，可以和语义、语法系统相互配合，构筑“音—形—义”三位一体的完美语言符号系统，能够满足人们对信息内容表达和交互的需要。

人与人交谈时的语音交互方式与言语链示意如图 1-2 所示。

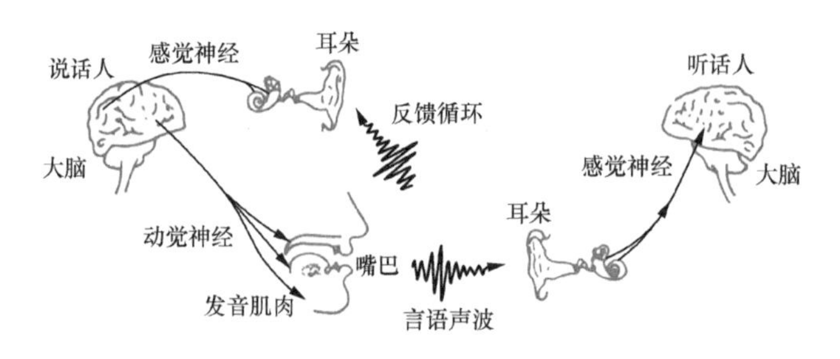

图 1-2 人与人交谈时的语音交互方式与言语链示意

在图 1-2 中，左侧的大脑、耳朵和嘴巴代表说话人产生语音的环节。

在这个阶段，说话人的大脑整理思想，决定要说的内容，并将内容转化成语言形式。之后，大脑发出指令，以神经脉冲方式指挥发音器官的肌肉运动，产生言语声波。

在图 1–2 中间的“言语声波”代表语音声学信号从说话人到听话人的传播过程。

在图 1–2 中右侧的耳朵和大脑代表的是听话人接受并感知语音的环节。在此阶段，听话人的耳朵接收言语声波，并转化成神经脉冲信号传递给大脑，大脑对其进行处理，分辨出说话内容。

以上 3 个环节形成一个链条，就是言语链。

在图 1–2 左侧，还有一个重要的侧链——“反馈链环”，就是说话人说出的语音不仅会传到听话人那里，还会传到自己的耳朵中进行监听，不断将实际发出的音和想要发出的音进行对比、调整，从而让说话的内容表达出自己真实的意图。

由言语链可知，语音交互涉及 3 个不同的语音领域，分别是心理语音学（神经系统产生和感知语言信息）、生理语音学（生理器官发出和接收语音）和声学语音学（语音声学信号分析与处理）。这 3 个领域也是语音学的主要组成部分。下面我们将从声学、生理和心理角度简要介绍语音学的基础知识。

1.3.2　语音的声学基础

1. 与语音相关的声学基础

语音是蕴含语言信息的声音。众所周知，产生声音需要两个条件：一是振动的声源；二是传播介质。物体（声源）振动时会产生声波，它可以通过介质（空气或固体、液体）以波的形式振动（震动）传播。更具体地说，声波的传播是声源振动引起的压强或密度的变化在介质中向四周传播的过程。

如果传播的声波被人或动物的听觉器官接收并被感知到，那么声音就被“听见”了。

如果用录音设备录下声音，就可以观察到声波的形状和有关声学的特征。声波作为一种波，也有反射、衍射等波的特性。最简单的声波形状是正弦波，我们以正弦波为例来说明和声波有关的基本物理概念，包括振幅、音强、周期、频率、波长、音速等。

正弦波示意如图 1–3 所示。图 1–3 中的横轴表示空气质点振动的平衡位置。空气质点振动时离开平衡位置的最大位置对应正弦波的波峰（或波谷），一个正弦波周期包括一个波峰和一个波谷。正弦波是最简单的周期波，此外，还有形状比较复杂的周期波以及非周期性波。周期性（乐音）和非周期性（噪声）声音如图 1–4 所示。

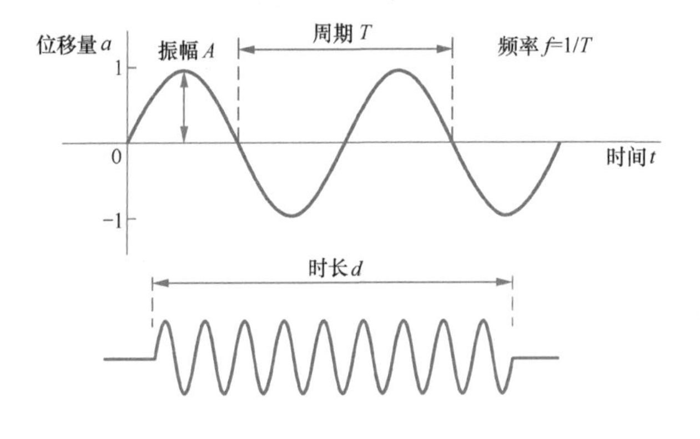

图 1–3　正弦波示意

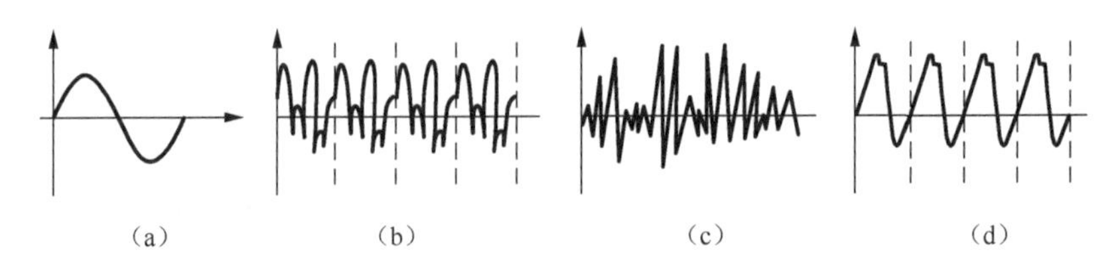

图 1–4　周期性（乐音）和非周期性（噪声）声音

在此以正弦波为例，介绍一些关于声波的基本概念。

（1）振幅和音强

空气质点振动的最大幅度就是振幅，在图 1-3 上表示为波峰（或波谷）到平衡位置的距离。声波振幅决定了声波的音量。和振幅有密切关系（呈正比）的是音强。顾名思义，音强就是声音的强弱或大小，其单位为分贝（decibel，常写作 dB）。安静的办公室的噪声一般是 30dB ～ 40dB，而繁忙的马路边的噪声一般是 70dB。

（2）周期和频率

空气质点完成一次往返振动需要的时间就是周期。单位时间（一般指 1 秒）内振动周期数目就是频率，频率和周期呈倒数关系。频率的单位是赫兹（Hz）。频率决定了声音的音高。频率越高，振动越快，声音就越高亢；频率越低，振动越慢，声音就越低沉。男声说话时的音高比较低沉，频率范围一般在 50Hz ～ 200Hz，女声的频率范围通常高一些，一般在 70Hz ～ 400Hz。人类耳朵能够听到的频率范围一般是 20Hz ～ 20000Hz。高于人耳听觉频率上限（约 20000Hz）的声音属于超声波，而低于人耳听觉频率下限（约 20Hz）的声音属于次声波。

（3）波长和音速

相邻两个波峰（或波谷）之间的距离就是波长。或者说，声波在一个周期内传播的距离是一个波长。声波在单位时间（1 秒）内传播的距离则是音速。

（4）纯音和复音

正弦波的频率一直保持不变，发出的音是频率单纯音波，因此称为纯音。世界上绝大多数声音不是纯音，而是由许许多多个纯音复合而成，由纯音复合而成的声音称为复音，其对应的复合声波称为复波。人的语音是由声带振动产生的，也是复音。在组成语音的多个音中，频率最低的那个纯音称为基音，其他的则是陪音（或泛音）。基音对应的声波称为基波，其频率称为基频（Pitch）。其他陪音的频率一般都是基频的整数倍，因此它们也称为倍音，对应的声波称为谐波。谐波因为频率和基频存在倍数关系，所以从低到高分别称为第一谐波、第二谐波……大多数语音都是由基波和若干谐波组成的。一般语音的频率范围在 8000Hz 以下。从语音的频率和能量角度看，基波的能量最高，强度最强，其他谐波的能量逐渐减弱，直到消失。

（5）乐音和噪声

乐音是周期性振动的声音。语音中的元音一般是乐音。噪声是没有周期性的声音。它在频域中表示为各频率位置上都有能量。辅音中的清擦音是典型的噪声。在图 1-4 中，图（a）、图（b）、图（d）都是周期性声音，属于乐音；图（c）的波形杂乱无章，没有周期性，属于噪声。

（6）共振和发音

能够发音的物体都有自己的固有频率。如果两个物体的固有频率相同（或者相近），其中一个物体在外力的作用下发声时，另一个物体受相同频率空气质点运动的影响，也会发出声来。这种现象称为声音的共振（或共鸣）。共振会使某些频率的声音能量增强，从而改变声音的听感。一个容器（腔体）的固有频率（或共振频率）和该容器的大小、形状有关。一般容积越大，共振频率越低。形状复杂的容器一般还会有多个共振频率。发音器官中的口腔、鼻腔、咽腔等腔体都可以看作共鸣腔。当人说话时，人们通过变换舌头位置、开口度和嘴唇形状，可以改变共振腔形状，形成不同的共鸣特性，发出不同的声音。

2. 语音的四要素

在语音学上，音高、音强、音长和音质（音色）4 种声学特征对语音特

性起着重要作用，因此也称为语音的四要素。

（1）音高

音高是人们对声音高低的感受，它和语音频率有关，频率越高，音高越高。在语言学上，音高主要和语言的声调、语调等有关。音高的单位可以用频率的单位——赫兹（Hz）来表示。

此外，音高也和很多韵律特征有关，例如，语调、语气、情感态度等。语调一般是指语句等较大韵律单元的音高曲线。通过语调中的音高变化，可以表达陈述、疑问、感叹、祈使等不同语气，也可以表达强调等语用功能，还可以表达不同程度的高兴、生气等情绪或者赞同、反对等态度。

（2）音强

音强是声音的强弱。声波的振幅和音强有关，另外，从更加普遍的意义上讲，和音强有关的物理量是声能、声强。其中，声能是指声波中动能和势能的总和，单位是瓦特（W）；声强是单位时间内流过某单位面积的声能的平均值，单位可以是分贝（dB）也可以是声强级（L）。另外，还有一个反映主观声强感觉的概念——响度，其单位是“方”（phon）。

很多语言学概念和音强有关，例如，轻重音、节奏、轻重读等。很多英语单词中有重音或者次重音节；英语韵律单元中的音步（Foot）有呈规律的“强弱”模式；语句中的信息焦点往往也是语句重音之所在。这些概念一般都和音强特征有关。当然在后续研究中，人们发现很多轻重音、轻重读或者强弱现象未必是仅通过音强来实现的，也可能是通过音高、时长等其他手段来综合实现的。

除了词汇、语句中和语音、语义、语法有关的轻重强弱现象外，音强在语言交际中表达情感态度、交际功能等语用层面也有重要作用。

（3）音长

音长就是发音的时长，单位可以是秒（s）或者毫秒（ms）。作为一种伴随性的特征，几乎所有语音单元和现象都涉及时长问题。

对于有的语言来说，音段的长短有区别单词意义的作用，例如，英语单词 Sheep（音标为 [ʃi：p]）和 Ship（音标为 [ʃip]）的主要区别就是元音的长短问题。也有很多语言现象都与音长有关系，例如，轻重音、韵律边界、节奏等。

此外，语速也和音长有关。由于音节平均时长越短，语速就会感觉越快，所以语速和音节平均时长实际存在倒数关系。需要注意的是，时长也和语言说话风格、情感态度等问题有关系。

（4）音质（音色）

音质也称为音色，是指声音的本质特征，是一个音与其他音进行区别的最根本的特征。前面介绍的音高、音强、音长 3 个语音要素都是比较单一的语音特征，而音质则是一个比较复杂的综合特征，它是由声音的频谱特征决定的，具体地说，是由不同频率的能量分布状况决定的。

从狭义的角度说，一个音素就代表一种音质，不同的音素代表不同的音质。从广义的角度说，音色还可以指声音的特色，例如，老年人和儿童说同一个音素，会给人不同的感觉。一般来说，如果高频能量多就会感觉声音“明亮”些，如果低频能量多就会感觉声音“浑厚”些。

3. 语音频谱与频谱分析

语音通常对应的是波形信号。但是从波形信号上，除了可以看到振幅和时长信息，很难看出音高和音质（音色）的相关信息。尤其是音质特征，必须要对语音信号进行频率分析得到频谱图，才能更好地观察语音信号的频率和能量分布情况。语音的频谱形成过程如图 1–5 所示。

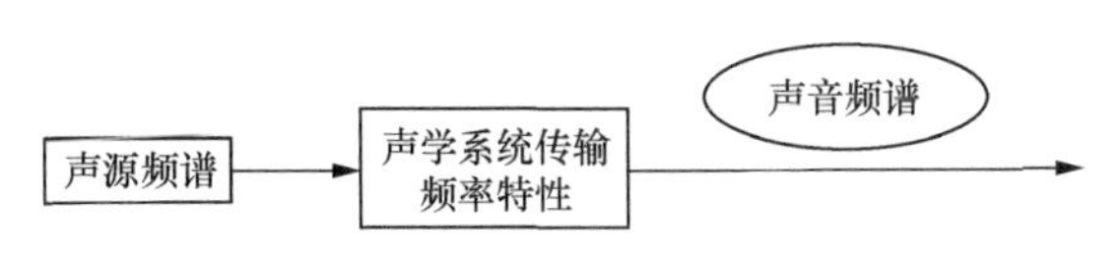

图 1-5　语音的频谱形成过程

语音频谱可以看作声源频谱和声学系统传输频率特性叠加的结果。所有语音都有声源（一般是喉和声带），其声源产生的声波有自己的频谱特性。声源产生的声波会经过调音器官构成的声学传输系统向外传输。这个声学传输系统是由喉腔、咽腔、口腔、鼻腔、唇腔等一系列腔体构成的，其中作用最大的是口腔，而且口腔的形状还可以自由调节（调整舌头位置和开口度大小）。这个由多个腔体构成的形状复杂的声学传输系统有自己的共鸣特性，并且具有不止一个共振频率。当声源产生的声波经过声学传输系统后，原来声源频率特性会叠加上声学传输系统的共振特性，形成最后发出的声音频谱。

1.3.3　语音产生的生理基础

语音产生的生理基础主要包括语音产生系统和语音感知系统。

1. 语音产生系统

该系统主要涉及 3 个生理系统，分别是声门下系统、声门系统（也称为喉系统）和声门上系统。

（1）声门下系统

声门下系统俗称呼吸器官，由气管、支气管、肺、胸廓、呼吸肌群和膈肌等组成。它为人类发声提供了动力，是发声的动力器官。

（2）喉系统

喉是一个空气阀。它的基本构造包括软骨系统（甲状软骨、环状软骨、杓状软骨等）、喉关节、喉肌、声带等。发声时，喉部声带形成的声门做有规律的开闭动作，使肺中呼出的平直气流调节为脉动气流。这种具有动能的脉动气流是语音的基本声源。

（3）声门上系统

声门上系统也就是调音器官，由口腔、鼻腔、咽腔，以及喉腔、唇腔等腔体和器官组成，主要起到共鸣腔的作用。发声时，喉部产生的声音气流通过调音器官的调节，可以产生不同的音素。

2. 语音感知系统

（1）人的听觉系统

人类接收声音的听觉系统包括外耳、中耳和内耳，以及听觉神经。本节将对听觉系统的生理组成结构做简要介绍。

外耳由耳郭、耳道和骨膜组成，主要起到收集和传输声波的作用。耳郭形状的不对称性使它具有一定声音定向功能。耳郭中间的 S 形管道就是耳道，平均长度约为 27cm。耳道可以把语音频带范围内的声音放大，并对骨膜起到保护作用。耳道的末端与骨膜做气密连接。骨膜可以接收耳道传来的声音，做自由振动，对声音起传导作用。

中耳由锤骨、砧骨和镫骨 3 块听小骨组成。它们构成了骨膜和内耳之间的机械链。中耳主要有 3 个方面的作用：一是阻抗匹配作用，即把外耳通过空气传来的声波转化为内耳外淋巴液中传输的声波，避免能量损失；二是在一定程度上保护内耳免受过强声音的伤害；三是在中耳与咽腔之间有咽鼓管（耳咽管）连通，可以使骨膜两边压力平衡，让骨膜在受声波作用时正常振动。

内耳系统主要由耳蜗和前庭管组成。目前没有发现前庭管在听觉机制中有什么作用。耳蜗上的基底膜对声波有频率分析作用。另外，耳蜗导管内侧基底膜上的柯替氏器官还可以将基底膜分析出的声波频率、振幅和时

间信息转换为神经信号传给神经系统。

人的神经系统分为中枢神经系统和周围神经系统。中枢神经系统由脑和脊髓组成。周围神经系统是由身体各部分与中枢神经系统连接的神经纤维束组成的。周围神经系统的听觉神经可以把声音神经信号传给中枢神经系统的听觉区域进行处理，形成听觉信号。

（2）听觉的感受性

和听觉感受性有关的概念包括听阈、痛阈、听觉区域等。听阈是人耳能听到的最小可听闻声强级。痛阈则是人耳能接受的最大声强级，超过痛阈会产生痛感。由听阈曲线和痛阈曲线包围形成的声学区域则是听觉区域，表示人耳可以听到声音的范围。

人耳对不同频率的听觉敏感度不同。两个不同频率的声音，即使强度相同，但人耳能感知到的声音大小也有可能不同。这种人耳对声音大小的主观感知量就是响度。

需要提及的是，音强是语音四要素之一，客观的音强单位是声强，然而还有一个主观的音强单位——响度。响度是指主观感受的声音大小，其单位是方（phon）。响度的数值计算方法是用某纯音的响度和 1000Hz 纯音声级的响度做对比，当感觉一致时，就以 1000Hz 的声压级定为该纯音的响度级。

人耳对不同频率的声音大小的感知灵敏度是不一样的，因此响度级不仅和声强有关，还与声音的频率有关。等响度曲线示意如图 1–6 所示，在同一条响度曲线上的音强在主观感觉上是一样的。由图 1–6 可知，所有等响度曲线在 3000Hz ～ 4000Hz 处明显向下弯曲，这说明人们听觉最灵敏的频率区域是在 3000Hz ～ 4000Hz 处。而各条等响度曲线的两端（低频区和高频区）向上弯曲，说明人耳对于低频（频率低于 250Hz）和高频（频率高于 20000Hz）声音大小不太敏感。

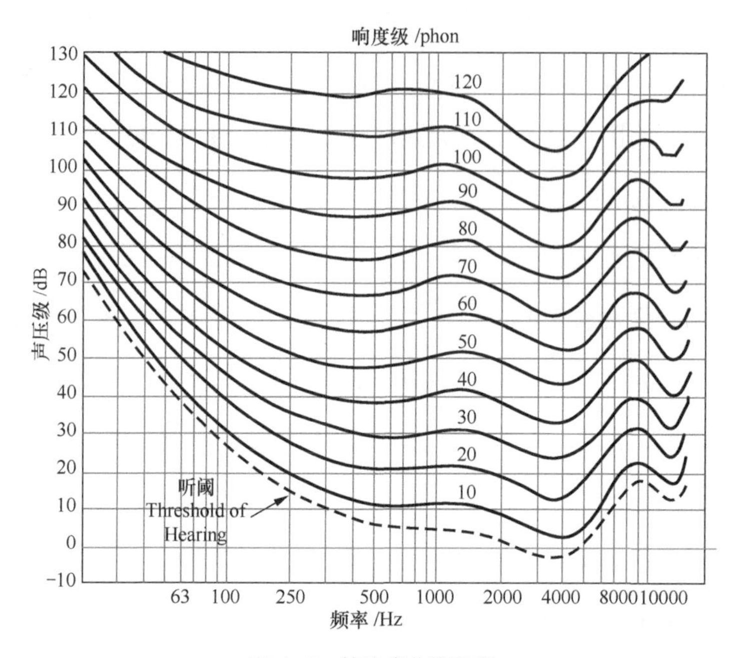

图 1-6　等响度曲线示意

（3）大脑对语言的处理

① 大脑的结构

人类大脑是所有器官中最复杂的一部分，并且是所有神经系统的中枢。人类的大脑是在长期进化过程中发展起来的具有思维和意识的器官。

大脑包括端脑和间脑。其中，端脑由约 140 亿个细胞构成，重约 1400 克。端脑主要包括大脑半球，是中枢神经系统的最高级部分。左、右大脑半球之间由胼胝体相连。大脑半球表层为灰质，深层为白质（髓质）。灰质又被称为大脑皮质，它是神经细胞聚集的部分，含有复杂的回路，是人类思考活动的中枢。皮层的深面为白质，又称为大脑髓质。

间脑由丘脑与下丘脑构成。丘脑与大脑皮质、脑干、小脑、脊髓等联络，负责感觉的中继，控制运动等。下丘脑与保持身体的恒常性，控制自律神

经系统，与感情等相关。

② 大脑皮层分区和功能分区

大脑有左、右两个脑半球，每侧脑半球控制人体的另一侧肢体，并接受另一侧视觉输入。一般认为，人体的各个功能在大脑皮质不同位置有相应的功能分区。负责处理语言信息的大脑关键区主要在左脑，而右脑则负责非语言性认知，例如，空间、触觉、音乐认知等。不过，近年来的研究也认为功能分区并非绝对，即左脑也有一定的非语言性认识功能，右脑也有一定的词语活动功能。

大脑半球表面呈现不同的沟或裂。沟、裂之间隆起的部分称为脑回。这些沟和裂将大脑半球分为 5 个叶，分别是额叶、颞叶、枕叶、顶叶和脑岛，大脑皮层分区示意如图 1-7 所示。其中，4 个叶在外部的大脑皮层，即中央沟以前、外侧裂以上的额叶，外侧裂以下的颞叶，顶枕裂后方的枕叶，外侧裂上方、中央沟与顶枕裂之间的顶叶。脑岛则是深藏在外侧裂里面。

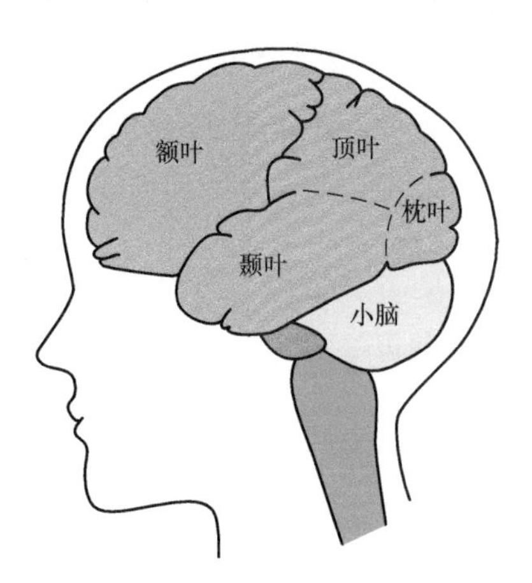

图 1-7　大脑皮层分区示意

额叶的前部区域称为前额叶皮层（Prefrontal Cortex），其对执行功能起着重要作用。枕叶包含视觉处理的主要区域，颞叶包含听觉处理的主要区域，角回跨越顶叶和颞叶，为关联各种形态的感知（尤其是视觉和听觉）起主要作用。它将视觉图形与语音形式联系起来，是语言运用的核心功能。

③ 大脑语言功能分区

据专家研究发现，大脑有两个与语言能力关系密切的功能区域——布洛卡区（Broca Area）和韦尼克区（Wernicke Area）。大脑的语言功能区示意如图 1–8 所示。

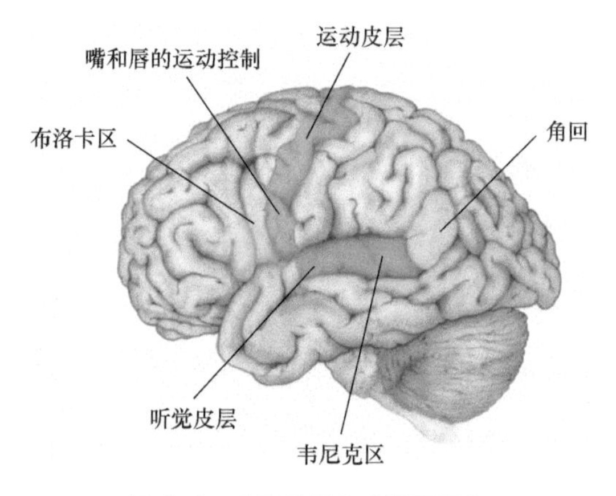

图 1–8 大脑的语言功能区示意

布洛卡区是 1861 年由法国内科医生保罗·布洛卡发现的，其位置位于额叶内部，在大脑外侧裂上方。布洛卡区主要负责语言的句法加工，受损后会导致表达性失语症（能看懂文字，听懂别人的话，发音器官正常，但不能口头表达自己的意思），只会发出个别音。

韦尼克区是由德国神经学家卡尔·韦尼克于 1874 年发现的，其位置大致位于太阳穴后面，包括颞上回、颞中回后部、缘上回以及角回。韦尼克区主要控制语言理解，该区域受损的患者说话流利，但都是无意义的句子或者不存在的词语，在理解话语（尤其是听觉话语）时存在困难。

当然，除了上述两个重要的语言功能区，大脑还有很多区域也和语言处理有关。而且有的研究发现，对于不同语言而言，大脑的区域分工似乎也不完全相同。总的来说，由于人类大脑和神经系统机制相当复杂，实验

观测比较困难，因此，相对于语音的声学、生理学研究而言，语言的神经和心理学研究还相对比较薄弱，需要人类不断进行探索。

1.4　人与机器的对话

1.4.1　人类语言交际的转向

随着社会与科技的发展，人类的语言交际对象正从人际交流转向更广的领域——人与非人类实体的交流，例如，人与其他生物体（动物）的交互，以及人与机器的交互。

目前，随着科技发展，尤其是信息、电子、机器人技术的发展，人与机器的交互正在逐步成为现实。在人机交互的诸多方式中，语音交互无疑是最直接、最方便的交流方式，也是人工智能时代迅猛发展的技术之一。

在人机对话系统中，包括两个不同方向的语音交流：一个是人类发出语音，由机器来接收和理解，这其中主要涉及机器的语音识别（Automatic Speech Recognition，ASR）技术；另一个是机器发出语音，由人类来接收，这其中主要涉及机器的语音合成（Text To Speech，TTS）技术。如果要涉及更复杂的人机对话系统，例如，聊天机器人，那么在机器这一端，除了要解决语音识别和语音合成之外，还要解决语义理解等问题，这属于自然语言处理技术。人机对话示意如图 1-9 所示。在介绍语音识别和语音合成技术之前，我们先介绍一些基础性知识。

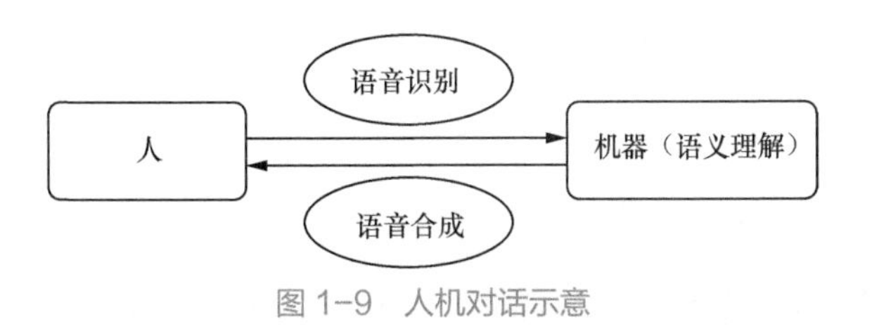

图 1-9　人机对话示意

1.4.2 语音的数字化表达

1. 语音信号的采样和量化

语音声波是模拟信号，无法被计算机直接理解和处理。因此，我们要先对语音声波信号进行预处理，具体包括采样、量化和编码等过程。语音信号的采样、量化和编码过程如图 1-10 所示。

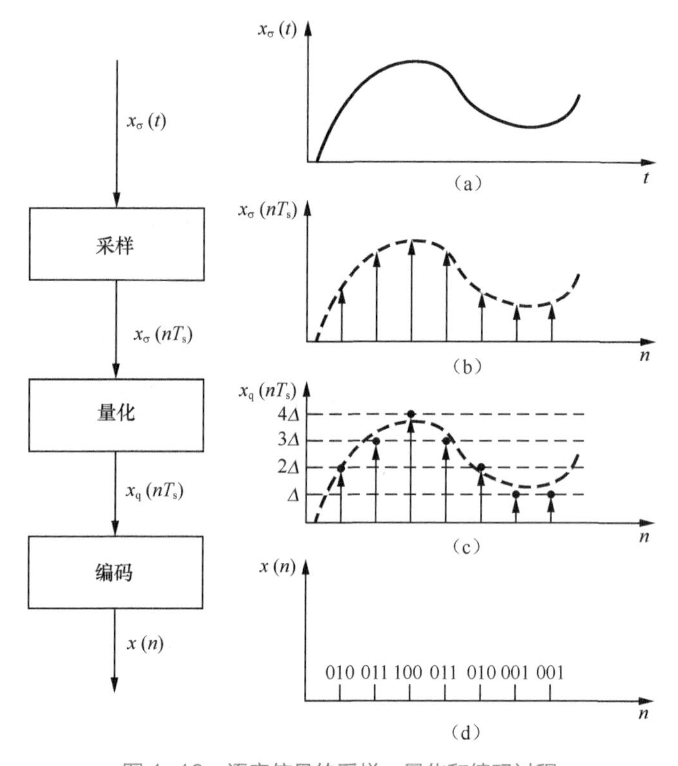

图 1-10 语音信号的采样、量化和编码过程

采样是按照一定时间间隔对连续的模拟信号进行抽样，形成离散的数字信号。具体方法是使用话筒，在单位时间内（1 秒）每隔一定时间间隔采集一次声波的振幅值，形成语音信号样值序列来代替原来连续的语音信号。这个过程就是语音信号的采样。

在单位时间内的采样次数称为采样频率。例如，8000Hz 的采样频率表

示一秒采集 8000 个语音信号值。

根据奈奎斯特定理，要想准确还原出原始模拟信号，采样频率必须高于模拟信号本身频率的两倍。由于人类的语音频率一般在 0 ～ 8000Hz，所以语音采样频率建议不低于 16000Hz，否则会丢失高频段的语音信息。

对于每个采样信号，还需要按照一定数据格式来表达和存储其振幅值。这个过程就是信号的量化过程。如果量化精度为 4bit，就表示用 4bit 来存储一个信号值；其量化精度为 2 的 4 次方，意味着有 16 级精度。如果量化精度为 8bit，就表示用 8bit 来存储一个信号值；其量化精度为 2 的 8 次方，意味着有 256 级精度。需要注意的是，量化精度越高，信号值越精确，但需要的存储空间也越大。最后，还要对量化的采样点按照一定方式进行编码，存储成可以被计算机处理的数字信息。

2. 语音信号的短时时域分析

语音的时域处理是语音信号处理的基本内容之一。通过采样和量化，可以把语音连续信息（也称为模拟信号）转化为计算机可以处理的数字信息。

语音信号是随时间变化的非稳态随机过程，具有时变特性，不便于信号处理。但由于语音信号在短时间内的特性基本保持不变，具有短时平稳性，因而可以把语音信号分成短时信号进行处理。

要获得语音的短时信号，可以对语音信号进行分帧处理。分帧可以连续，也可以采用交叠分段的方法。交叠部分称为帧移，一般为窗长的一半。

分帧是用有限长度窗口进行加权的方法实现的。几种常见的窗函数如图 1–11 所示。需要注意的是，不同窗函数和窗口长度（通常 5ms ～ 30ms）会影响分析结果。

加窗和分帧的过程是对语音信号进行短时时域切分，也就是将窗函数在语音信号上按照“帧移”幅度依次滑动的过程。这样就把语音信号分成一帧一帧短时数据了。

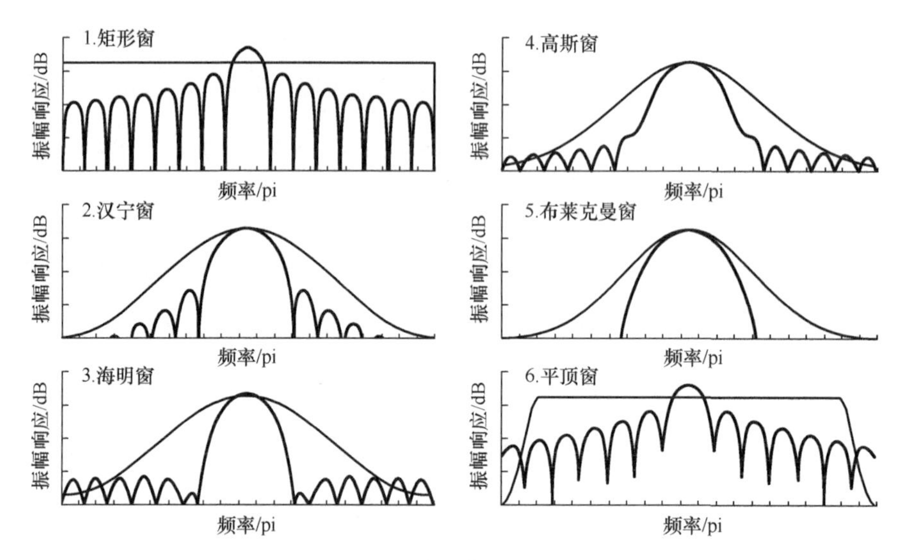

图 1-11　几种常见的窗函数

获得语音短时信号之后，就可以进行短时时域分析。常见的语音短时时域分析包括短时能量分析、短时过零分析、短时相关分析等。

短时能量分析就是分析语音短时信号的能量，它可以用来区分有声段和无声段，区分清音和浊音（清音能量要远小于浊音），也可以作为语音识别等应用中的特征参数。

短时过零率分析是分析每帧内语音信号通过零值的次数，可以用来判断语音信号的清浊音，也可以与短时能量分析结合进行语音端点检测。

短时相关分析是用窗函数选择短时语音段后进行的相关分析，可以用来判断两个信号的相似性，窗函数包括互相关函数和自相关函数。利用互相关函数可以测定两个信号的时间滞后或从噪声中检测信号；利用自相关函数可以研究信号波形的同步性、周期性等。

3. 语音信号的短时频域分析

语音信号的频域分析就是分析语音的频域特征。傅里叶分析可以对信

号进行频域分析，但是标准傅里叶分析只适用于周期、瞬变或平稳随机信号，不适合非平稳的语音信号。由于短时语音信号可以看作短时平稳的，所以它可以应用傅里叶分析，即短时傅里叶变换（Short Time Fourier Transform，STFT），它也称为有限长度的傅里叶变换。相应的频谱称为短时谱。语音信号的短时谱分析是以傅里叶变换为核心的，并可以用快速傅立叶变换（Fast Fourier Transform，FFT）进行高速处理。

结合语音信号的时域分析和频域分析技术，可以得到语谱图。这也是现代语音学研究的重要技术基础。

4. 语音编码

语音编码的目的是在保证语音音质和语句可以被听懂的前提下，采用尽可能少的比特数来表示语音，以节省信号的存储空间和传输带宽。编码的方式包括 3 类：波形编码、参数编码和混合编码。

波形编码是根据语音信号波形导出编码，并尽量保持波形不变，然后在接收端尽可能忠实地还原波形。其优点是抗噪性好、音质好，缺点是数码率高。

参数编码又称为声码器，主要是从听觉感知角度注重语音重现，即让接收端的解码语音听起来和发送端语音尽量相同，但不能保证二者波形相同。其缺点是音质没有波形编码好，优点是数码率要低得多。

混合编码则是一种结合波形编码与参数编码优势的编码方式。

5. 语音信号的两种特征编码：线性预测分析和梅尔频率倒谱系数

在梅尔频率倒谱系数（Mel Frequency Cepstrum Coefficient，MFCC）之前，线性预测编码（Linear Predictive Coding，LPC）和线性预测倒谱系数（Linear Predictive Cepstral Coefficient，LPCC）曾是自动语音识别的主流方法。LPC 的基本思想是一个语音的抽样可以用过去若干语音抽样的线性组合来逼近，即通过使实际语音抽样和线性预测抽样之间差值平方和达到最小值，可以决定唯一的一组预测系数。线性预测分析应用于语音信号，不仅有预测功能，而且提供了一个很好的声道模型，可以用于语音编码、语音识别、语音合成等领域。

目前，MFCC 被广泛应用于语音识别等领域。梅尔（Mel）是我们前面介绍过的一种基于人耳听觉特性提出来的音高单位。它与频率单位赫兹（Hz）成非线性对应关系。Mel 频率倒谱（Mel Frequency Cepstrum）则是基于声音的 Mel 刻度（Mel Scale）对倒频谱的频带进行等距划分的。它比用于正常的对数倒频谱中的线性间隔的频带更近似人类的听觉系统。

MFCC 就是组成梅尔频率倒谱的系数。在很多领域，MFCC 对声音信号有更好的表示。通常，提取 MFCC 的过程如下。

一是将语音信号预处理，包括预加重、分帧、加窗函数。

二是进行快速傅里叶变换（FFT），将信号变换至频域。

三是将每帧的频谱通过梅尔滤波器（三角重叠窗口），在梅尔刻度上提取对数能量。

四是对上面获得的结果进行离散傅里叶反变换，变换到倒频谱域。

五是 MFCC 就是这个倒频谱图的幅度（Amplitudes）。一般使用 12 个系数，与帧能量叠加得到 13 维的系数。

第 2 章
智能语音基本技术

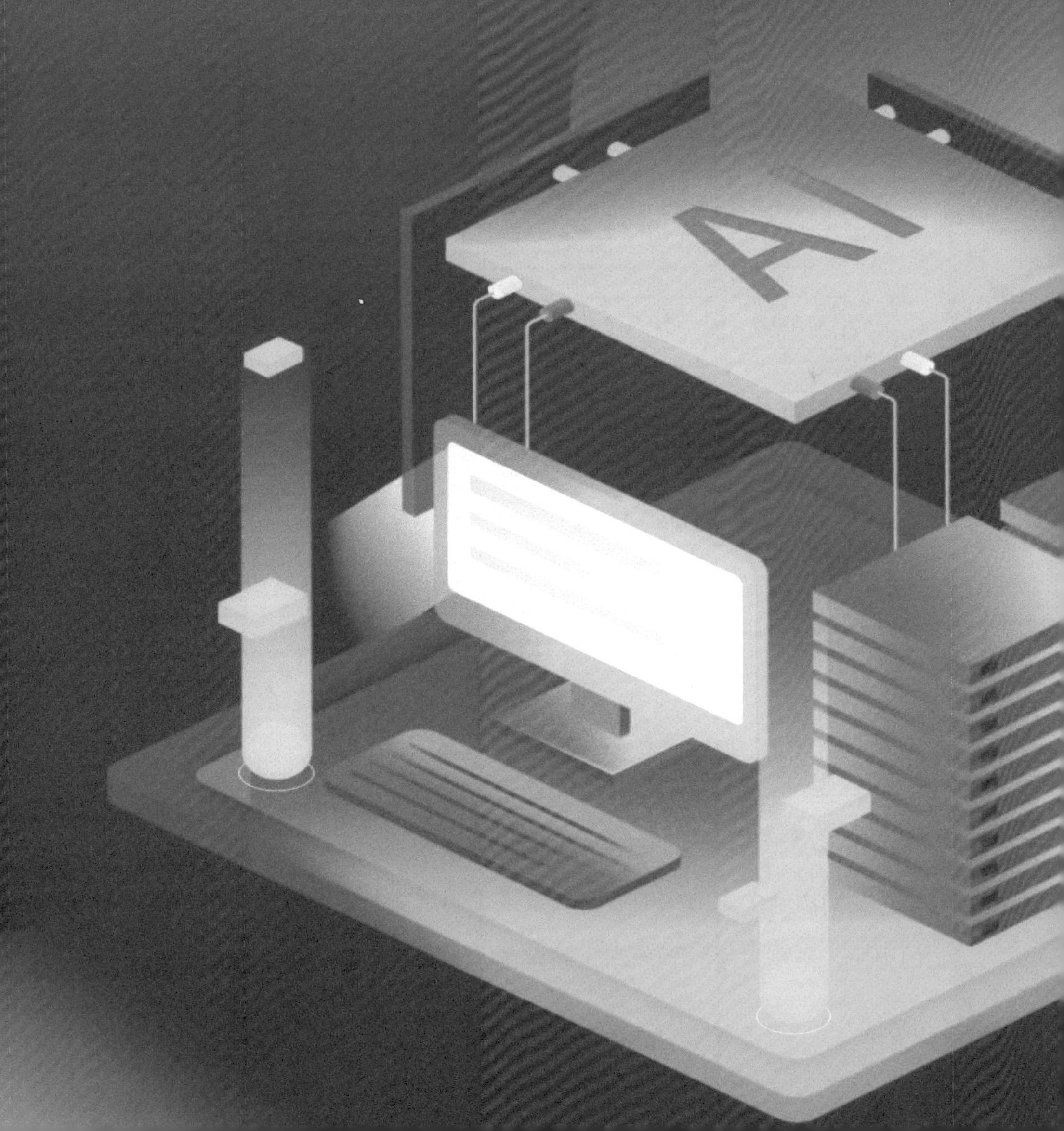

2.1 主流的语音交互技术

智能语音涉及很多技术，可以说智能语音技术是一个有传承、有序的大家族。

在介绍各个具体技术之前，让我们一览智能语音技术的全貌。智能语音技术“家族谱”如图 2-1 所示。

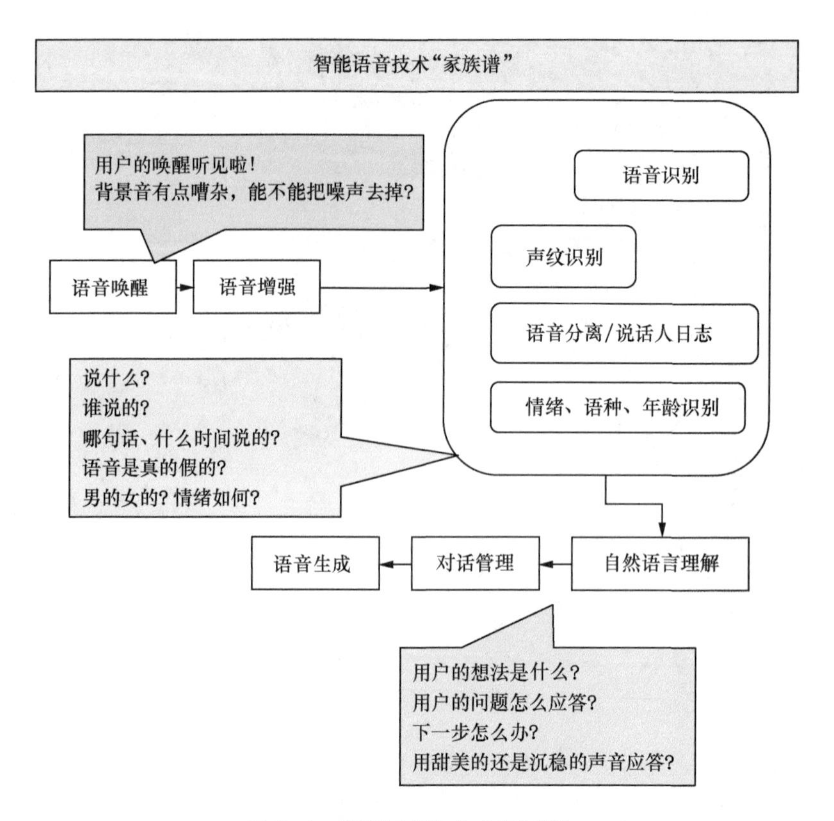

图 2-1　智能语音技术“家族谱”

我们用一个生活中的日常场景来说明智能语音技术的“家族谱”。家里的男主人刚刚入手一辆新车，新车的语音交互系统非常强大。男主人和新

车开始磨合了，在新车启动后，当男主人说出："我的爱车。"新车的语音交互系统被唤醒，并进行后续语音的处理。新车开动了，路况的背景音有些嘈杂，此时，男主人要找附近的加油站，对语音交互系统说："油快没了，找一下最近的加油站。"坐在旁边的女主人插了一句："顺便找找评价好的浙江菜馆。"语音交互系统采集信号后通过软硬件算法要进行语音的降噪和增强，还要将实时的语音流按照时间戳将男女主人说的话分开并标记好，这就是分离说话人。接下来语音交互系统要鉴别，这个说话人是谁？会不会是其他人在盗用他们的声音？这就是语音交互系统中声纹识别系统和声纹鉴伪系统的任务。如果声纹识别和声纹鉴伪系统鉴别是本人，自然语言理解技术要分析主人的意图是什么？要进行意图分类和槽填充（Slot Filling），将"加油站""浙江菜馆""附近"等核心关键信息提取出来，并送到对话管理的中枢大脑中去分析处理，在第三方应用（例如，高德地图、大众点评）中进行查询，并将查询结果作为应答，以亲切拟人的方式应答："已经为您找到距离您当前位置 3km 的加油站，旁边有一个大众点评中评分最高的浙江风味的餐厅。"这就是语音交互系统的一个应用场景示例。

到此为止，你是不是对智能语音技术"家族谱"里的每个成员都充满了好奇，想要进一步了解呢？

2.1.1　语音识别

语音识别技术虽然是学术界正在不断探索、不断完善的一种新兴前沿技术，但是这种技术已经被应用到人们的生活中。很多科技公司都将语音识别技术融入它们的产品。腾讯公司在微信软件中添加了语音转文字功能，该功能就使用了语音识别技术。很多输入法软件也增加了通过语音输入文字的功能，解放了用户的双手，同时也增加了文字输入的速度。此外，苹果公司的语音助手（Speech Interpretation&Recognition Interface，SIRI，常写作 Siri）、微软公司的小娜（Cortana）、小米公司的小爱同学、百度公司的小度智能音箱、阿里巴巴公司的天猫精灵等一系列语音助手产品都是通过语音识别技术将用户的语音转化为文字，再对文字进行处理，从而实现通过语音对智能终端进行控制。

不仅如此，随着机器翻译、语音合成、自然语言理解、多轮对话等不同领域的开拓创新，语音识别技术可与其他各种人工智能领域的最新科技成果相结合，为用户提供各种智能服务。

近年来，中国已经成为世界上第二大经济体，在国际贸易中有着举足轻重的地位。中国提出的"一带一路"倡议更是横跨了亚欧非 3 个大洲，与上百个国家签署了合作文件。但是并不是所有国家和地区都使用英文进行交流，存在不同国家和地区的人们使用不同语言的情况。在旅游、贸易等方面的交流中，往往需要一个或者更多翻译的帮助，沟通效率不高。而自动语音翻译系统可以很好地解决这个问题。自动语音翻译系统使用语音识别技术将说话人的语音转换为文字，然后使用机器将文字进行翻译，最后使用语音合成技术进行播放。作为该系统的第一个步骤，语音识别技术是该系统的重要基础。

随着大数据、云计算、人工智能等技术不断发展，很多人也在思考如何通过这些技术实现城市治理的现代化和智能化。智慧城市的概念包含很多领域，其中，在智慧医疗、智慧司法、智慧公安等领域中，语音识别扮演着举足轻重的角色。

1. 声音到文字的神奇过程

如何从一段声音中识别到需要的语音呢？声音也称为声波，但是电子设备是不能直接对声波进行读取和保存的，需要对声波进行数字化处理，这个

过程被称为抽样，不同的电子设备对于声音的抽样频率是不同的，我们经常见到的固定电话的采样频率一般是 8000Hz，8000Hz 采样频率也称为 8k 采样频率，也就是说，每秒在声波上面平均采集 8000 个点后用数字进行表示，语音识别中常见的采样频率还有 16kHz，也就是 16000Hz。采样频率越高表明采集后的数据能够保存声音的信息越多，同时也意味着越接近真实的声音。

在对声音进行数字化采样之后，我们就得到了在电脑中保存的语音，此时的这种语音还不能直接用于语音识别。因为在音频中可能存在一些噪声，虽然轻微的噪声不会对语音识别造成很大的影响，但是如果噪声很大，那么需要使用一些降噪的手段对语音进行处理，这样才能避免噪声对语音识别造成过大的影响。对语音进行降噪处理之后，就可以使用语音识别软件进行从语音到文字的转写。但是如果我们想建立一个新的语音识别系统，那么除了对语音进行降噪处理之外，还需要删除音频的静音部分，这个过程称为语音活动检测（Voice Activity Detection，VAD），又称为语音端点检测、语音边界检测，在后续章节中我们将详细介绍。

需要注意的是，经过抽样后的语音就是数字化的语音，也就是说，一段语音是很多数字按照一定的排列组成的。这些数字是随着音频时间的变化而变化的，这种数字随着时间的变化通常称为时域。一般来说，我们会把时域转换为频域进行分析。由于语音信号是一个非平稳态的过程，处理平稳信号的技术对其进行频域的转换和分析并不适用，但是在比较短的一段时间里面的语音信号是平稳信号，因此我们把音频切成一小段、一小段的形式，每一小段称为一帧，通过连接相邻帧来获得近似的信号频率轮廓。通常时长 20ms ～ 30ms 音频为一帧，经典的一帧时长为 25ms。每帧的采样点数量计算方法如式（2-1）所示。

$$N = T \times freq \div 1000 \qquad 式（2-1）$$

其中：

$freq$——采样频率；

N——每帧中采样点数量；

T——每帧的时长。

为了避免相邻两帧的变化过大，每两个相邻帧之间有一段重叠区域，此重叠区域的时长通常为一帧长度的 1/2 或固定为 10ms。对语音进行分帧后，为了消除每一帧两端可能造成音频的不连续性，一般会先对每一帧的音频加上一个窗函数，然后进行傅里叶变换，再通过特定的算法进行计算获得一组数，这一组数称为特征，获得特征的过程称为特征提取。根据不同的算法，同一段音频获得的特征是不同的，常见的特征有梅尔倒谱系数（MFCC）、滤波器组（Filter Banks，FB）等。特征提取的过程中除了上面提到的一些操作外，不同算法还会采用不同的步骤以保证提取特征的质量。最后，我们就得到了具有频域特征的时序序列。

在提取音频特征后，就可以对特征进行下一步处理。传统的语音识别系统分为两个部分：语言模型和声学模型。其中，声学模型负责的是将提取到的特征序列转换为音素的序列，根据音素和词的对应关系，可以将音素序列转译为词序列，但是由于同音词的存在，所以需要语言模型对词序列进行概率计算，得到概率最大的词序列，而这个概率最大的词序列就是语音识别的文字结果。

对很多人来说，音素这个概念比较陌生，音素是根据语音的自然属性划分出来的最小语音单位。对于英文来说，音素是根据英文的音标确定的，由于英文音标中的很多字符是非常用字符，所以人们根据音标重新制定了音素表，并且增加了一些静音、未知字符等。对于中文来说，音素是根据中

文拼音的声母和韵母制定的，与英文不同的是，中文存在 5 种声调（4 个一般常见的声调和 1 个轻声声调）。同一种韵母的不同声调也代表不同的音素，同时也要考虑静音、未知字符等。根据词和音素的对应关系，音素序列可以转译为词序列，而这种对应关系被称为发音词典。发音词典的质量直接决定了语音识别的质量，如果词典的词条量少，那么很多词就无法被准确地识别。在中文语音识别中，一个词语除了标准发音之外，往往有很多日常的发音，例如，鄱阳湖的标准发音为“pó yáng hú ”，但是日常生活中经常会被读作“bó yáng hú ”，因此，我们需要将日常生活中的发音也加到发音词典中。另外，还有很多日常生活中发轻声的音也需要添加在发音词典中。

上面提到的声学模型是将提取后的特征序列识别为音素的序列，传统上使用高斯混合模型（Gaussian Mixture Model，GMM）—隐马尔科夫模型（Hidden Markov Model，HMM），即 GMM—HMM 模型来实现。这个过程主要分为两步：第一步是将帧识别为状态；第二步是将状态识别为音素。

在了解 GMM-HMM 模型之前，我们需要先知道 HMM 模型。与 HMM 模型（隐马尔科夫模型）相对的是马尔科夫模型。马尔科夫模型状态转换如图 2-2 所示。假设一个自动运行的机器有 3 种状态，即工作、待机、重启，在任意一个时刻 t，如果机器处于工作状态，那么根据图 2-2，下一个时刻 t+1，机器变为待机状态的概率为 0.2，机器仍然为工作状态的概率为 0.7，机器是重启状态的概率为 0.1。这样的一个模型就是马尔科夫模型。马尔科夫模型可以认为是一个状态随着概率随机转换的图。

隐马尔科夫模型又是什么呢？同样举一个例子，假设有 3 个完全相同的盒子，3 个盒子标记为 S_1、S_2、S_3，3 个盒子里面有不同数量的白球和黑球。现在我们随机选出 1 个盒子，然后从这个盒子中随机取出 1 个球，观察拿出球的颜色后再把球放回盒子中，不同盒子中摸到白色球和黑色球的概率见表2-1，第一次选盒子的概率见表2-2，选盒子时的状态转换如图2-3所示。与马尔科夫模型相同，假设当前选取的盒子为 S_1，下一次选取 S_1 的概率为 0.5，选取 S_2 的概率为 0.2，选取 S_3 的概率为 0.3。这样的模型就是一个隐马尔科夫模型。

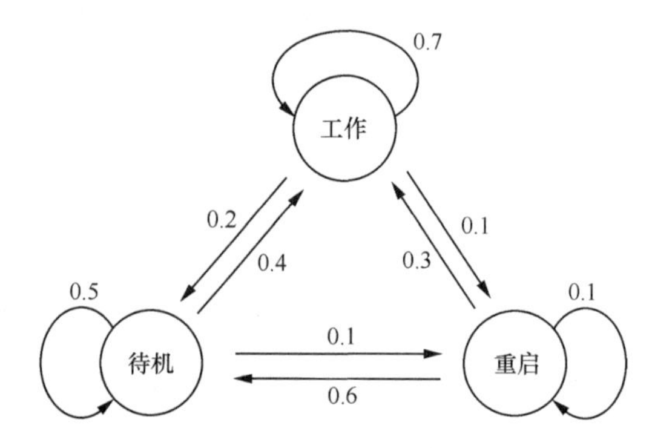

图 2-2　马尔科夫模型状态转换

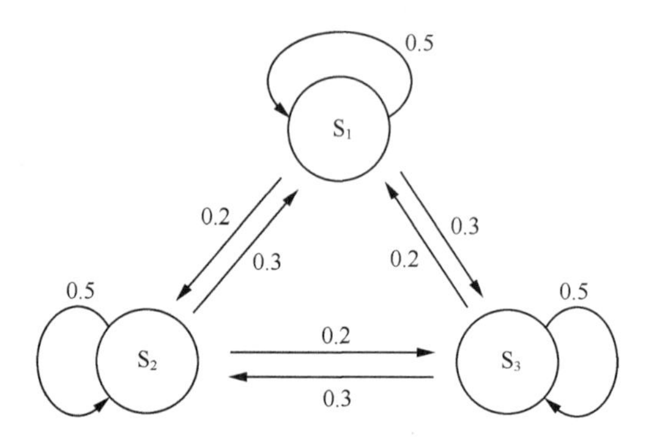

图 2-3　选盒子时的状态转换

表 2-1　不同盒子中摸到白色球和黑色球的概率

盒子名称	黑色	白色
S_1	0.5	0.5
S_2	0.4	0.6
S_3	0.7	0.3

表 2-2　第一次选盒子的概率

盒子名称	概率
S_1	0.2
S_2	0.4
S_3	0.4

由于 3 个盒子完全相同，所以在选取盒子的时候我们无法知道是从哪个盒子取的，但是已知的是从盒子中摸出球的颜色。我们可以从已知摸出球的序列来推测取到盒子的序列，把这种思想延伸到我们的声学模型中，经过特征提取后的序列就是球的颜色的序列，如果特征提取后的序列是已知的，那么音素的序列，也就是取盒子的序列，通过隐马尔科夫模型就可以根据特征提取后的特征序列去推测音素的序列。隐马尔科夫模型的解码过程使用的是维特比(Viterbi)算法，而训练过程使用的是最大似然估计(Maximum Likelihood Estimation，MLE) 算法。

一个隐马尔科夫模型由 5 个参数组成：S、O、A、B、π。因此，首先需要把提到的隐马尔科夫模型转换为 5 个参数，其中，S 为状态值集合，记为 $S=\{S_1, S_2, S_3\}$；O 为观测值集合，记为 $O=\{$ 黑，白 $\}$；A、B、π 都是矩阵，此处的 A 为状态转移概率矩阵，π 为初始状态下状态值转移概率矩阵，B 为给定状态下观察值概率矩阵。按上述定义，将图 2-3 中的状态转换分别代入 A、B、π，即可得到式 (2-2)。

$$A=\begin{bmatrix}0.5 & 0.2 & 0.3\\0.3 & 0.5 & 0.2\\0.2 & 0.3 & 0.5\end{bmatrix}\quad B=\begin{bmatrix}0.5 & 0.5\\0.4 & 0.6\\0.7 & 0.3\end{bmatrix}\quad \pi=\begin{bmatrix}0.2\\0.4\\0.4\end{bmatrix} \qquad 式 (2\text{-}2)$$

维特比算法是已知观测序列求解最可能的状态序列，是一种动态规划算法。假设我们观测到的球的颜色序列为黑、白、黑，此时的观测序列为黑、白、黑共 3 个，状态序列也应该为 3 个。所有可能的状态转移序列如图 2-4 所示。

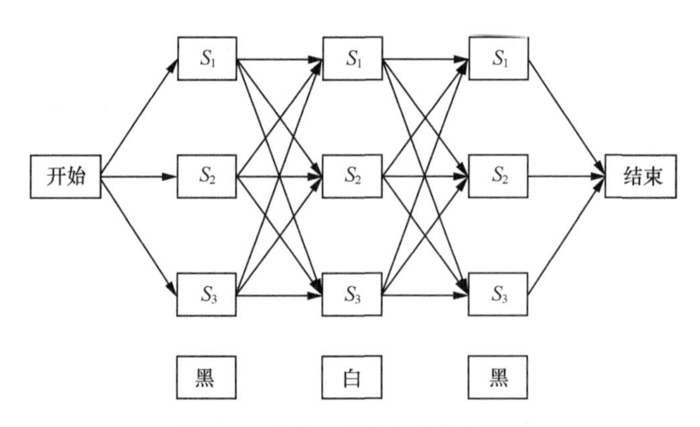

图 2-4 所有可能的状态转移序列

求解状态序列的过程如下。

首先我们需要初始化两个表 t_1、t_2。其中，t_1 表示从上一个状态分别转移到 S_1、S_2、S_3 且摸到对应颜色球的最大概率，而 t_2 表示在 t_1 中的最大概率是从哪一个状态转移到当前状态的。t_2 的第一列均为 0，t_2 的初始化计算结果见表 2-3。t_1 中（S_1，黑）位置的值为初始状态转移到 S_1 并且观测为黑的概率，即 t_1(S_1，黑)=B[1，1]× π[1] =0.2×0.5=0.1，同理可以初始化 t_1 的第一列的其他行。t_1 的计算结果见表 2-4。

表 2-3 t_2 的初始化计算结果

t_2	黑	白	黑
S_1	0		
S_2	0		
S_3	0		

表 2-4 t_1 的计算结果

t_1	黑	白	黑
S_1	0.2×0.5=0.1		
S_2	0.4×0.4=0.16		
S_3	0.4×0.7=0.28		

下一步计算 t_1 中（S_1，白）位置的值，此处表示的是从上一个时间的 3

种状态跳转到 S_1 状态且观测到白球的概率的最大值。若前一状态为 S_1，则概率为 0.1×A[1，1]×B[1，2] =0.1×0.5×0.5=0.025，若前一状态为 S_2，则概率为 0.16×A[2，1]×B[1，2]=0.16×0.3×0.5=0.024，若前一状态为 S_3，则概率为 0.28×A[3，1]×B[1，2]=0.28×0.2×0.5=0.028。此时，0.025、0.024、0.028 中最大概率值为 0.028，那么 t_1 中（S_1，白）位置的值 t_1 为 0.028，因为 0.028 是由 S_3 状态转移到 S_1 的，那么 t_2 中（S_1，白）的位置为 S_3。同理可以计算 t_1 中（S_2，白）= max(0.1×0.2×0.6，0.16×0.5×0.6，0.28×0.3×0.6)=0.0504。（S_3，白）= max(0.1×0.3×0.3，0.16×0.2×0.3，0.28× 0.5×0.3)=0.042。t_2 中（S_2，白）=S_3，（S$_3$，白）=S_3。t_1、t_2 的计算结果分别见表 2–5、表 2–6。

表 2–5　t_1 的计算结果

t_1	黑	白	黑
S_1	0.1	0.028	
S_2	0.16	0.0504	
S_3	0.28	0.042	

表 2–6　t_1 的计算结果

t_2	黑	白	黑
S_1	0	S_3	
S_2	0	S_3	
S_3	0	S_3	

按照上述的计算方式，进一步计算可以得出完整的 t_1、t_2 的计算结果见表 2–7、表 2–8。

表 2–7　完整的 t_1 的计算结果

t_1	黑	白	黑
S_1	0.1	0.028	0.00756
S_2	0.16	0.0504	0.01008
S_3	0.28	0.042	0.0147

表 2-8　完整的 t_2 的计算结果

t_1	黑	白	黑
S_1	0	S_3	S_2
S_2	0	S_3	S_2
S_3	0	S_3	S_3

通过观察表 2-7 中 t_1 中最后 1 列可以发现最大值为 0.0147，那么我们需要预测的状态序列的最后 1 个状态就是 0.0147 对应的 S_3，倒数第 2 个状态为 t_2 中最后 1 列（黑）和刚刚预测的最后 1 个状态 S_3 行，即（S_3，黑）=S_3，所以倒数第 2 个状态为 S_3，继续向前寻找，倒数第 3 个状态为 t_2 的倒数第 2 列（白）和刚刚预测的倒数第 2 个状态 S_3，即（S_3，白）=S_3，所以倒数第 3 个状态为 S_3，继续往前寻找，可以发现倒数第 4 个状态为 0，当出现 0 时表明预测状态序列结束。那么我们预测的状态为 S_3，S_3，S_3。以上就是通过维特比算法对隐马尔科夫模型进行解码的过程。

而隐马尔科夫模型的训练过程是已知状态序列和观测序列，通过最大似然估计的算法去求解 *A*、*B*、*π*。假设已知的状态序列和观测序列如图 2-5 所示。

S_3, S_3, S_3　黑, 白, 黑
S_1, S_3, S_2　白, 白, 白
S_3, S_2, S_2　白, 白, 黑
S_3, S_3, S_3　黑, 白, 黑
S_1, S_3, S_3　黑, 白, 白
S_3, S_2, S_3　黑, 白, 黑
S_3, S_3, S_1　白, 白, 黑
S_2, S_1, S_3　黑, 白, 黑
S_3, S_2, S_1　黑, 白, 白
S_1, S_3, S_2　白, 白, 黑

图 2-5　假设已知的状态序列和观测序列

从图 2-5 中的 10 条状态序列和观测序列可知：以 S_1 为开始的状态共出现了 3 次，以 S_2 为开始的状态共有 1 次。以 S_3 为开始的状态共有 6 次，

由此可知，π=[3/10，1/10，6/10]。在图 2-5 中，S_1 共出现了 6 次，其中，在对应位置的观测序列中，黑球出现 2 次，白球出现 4 次，同理计算 S_2、S_3 出现的次数和分别与其对应的黑白球出现的次数，由此可得矩阵 B。在图 2-5 的序列中，除了 S_1 作为结尾的 2 种情况，S_1 出现了 4 次，其中每次后面的状态都是 S_3，因此，S_1 转移到 S_3 的概率为 1，转移到 S_1 和 S_2 的概率均为 0，同理计算 S_2、S_3 对应不同状态的转移概率可以得到矩阵 $\boldsymbol{A}$。矩阵 $\boldsymbol{A}$ 如式（2-3）所示。

$$A=\begin{bmatrix}0 & 0 & 1\\ 1/2 & 1/4 & 1/4\\ 1/12 & 5/12 & 1/2\end{bmatrix}\quad B=\begin{bmatrix}1/3 & 2/3\\ 3/7 & 4/7\\ 8/17 & 9/17\end{bmatrix}\quad \pi=\begin{bmatrix}3/10\\ 1/10\\ 6/10\end{bmatrix} \tag{2-3}$$

在了解隐马尔科夫模型之后，我们就可以把模型延伸到 GMM—HMM 模型，GMM 模型（高斯混合模型）是由多个高斯模型叠加得到的。GMM 模型如图 2-6 所示，有 3 个波峰，是由 3 个高斯模型混合得到的，每一个高斯模型都有 3 个参数，分别是平均值、方差、与当前高斯模型在混合高斯模型中所占的比重。

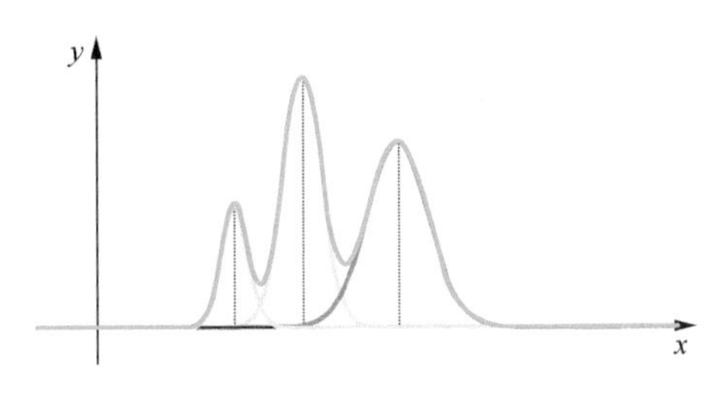

图 2-6　GMM 模型

本节我们已经提到，音频的特征序列是观测到的序列，音素的序列就是状态的序列，在此我们可以把音素当作 GMM—HMM 模型中 HMM 的状态，也就是说，每一种状态对应一种音素。举个例子，特征序列是 O_1、O_2、O_3、O_4、O_5、O_6、O_7，每一个 O 就是一帧，对应着 39 维的 MFCC（此处使用的是经典 MFCC 的参数），对应的状态序列是 5、6、6、6、7、7、8，其中，每个数字代表一个 HMM 的状态，也对应着一个音素。在这种情况下，我们可以使用上面 HMM 提到的算法来计算状态转移矩阵 A，因为我们的假设中定义了每一个 HMM 状态对应一个音素，这样的模型就称为单音素模型。在这样的模型中，每一个 HMM 状态有一个对应的 GMM 概率密度函数，因此，有多少个 HMM 状态，就有多少个 GMM，我们把特征序列和状态序列对其（即 O_1、O_2、O_3、O_4、O_5、O_6、O_7 分别与 5、6、6、6、7、7、8 一一对应）之后就可以得到每一个 HMM 状态对应的所有观测，例如，O_2、O_3、O_4 对应状态 6，O_5、O_6 对应状态 7。如果知道了 GMM 对应的所有观测，就可以根据 GMM 参数更新公式，进而更新 GMM 参数了。在 GMM 参数的更新方面，采取的更新算法不尽相同，在此本节就不过多论述了。GMM—HMM 模型识别语音的过程如图 2-7 所示。

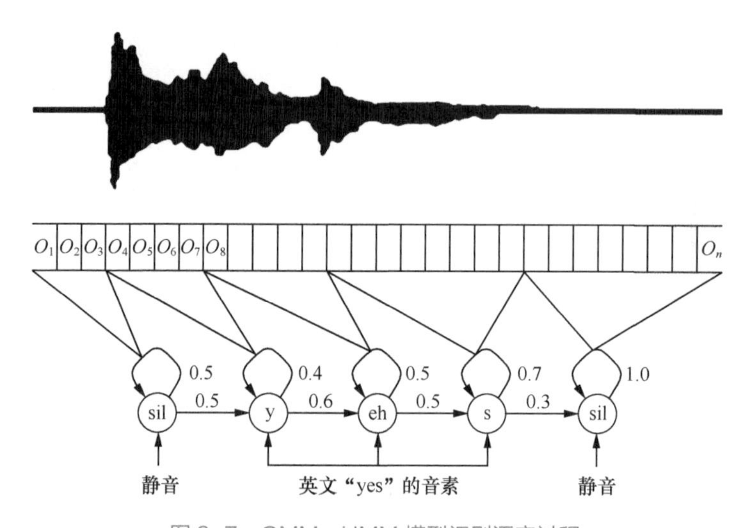

图 2-7　GMM—HMM 模型识别语音过程

在图 2-7 中，波形图为需要识别的音频，提取到的特征序列为 O_1 到 O_n，最后声学模型输出的是一个状态序列，在 O_1 到 O_3 状态分别为 sil，sil，

sil(sil 为静音)。O_4 到 O_7 状态分别为 y，y，y，y。以此类推，最后就可以对应到音素 sil，y，eh，s，sil，这个就是英文“yes”的音素，表明这段发音为“yes”。单音素的 GMM—HMM 声学模型是比较基础的声学模型，在此基础上还有衍生出的双音素、三音素的 GMM—HMM 模型。其中，三音素的 GMM—HMM 模型比较常见，因为单音素的 GMM—HMM 没有考虑到音素发音的协同效应。换句话说，上一个音素和下一个音素会对当前的音素的发音有影响，这时当前音素的发音有可能和这个音素的独立发音不同，考虑到这个原因就会使用三音素的 GMM-HMM 模型。而如果对这样的模型进行精细建模，则需要大量的数据，而且涉及的参数量也众多。一般来说，语音学家会根据经验与常识来制定一些规则，或者依靠一些语音识别框架的内置算法来解决。另外，随着神经网络的发展，也有使用深度神经网络（Deep Neural Networks，DNN）模型代替 GMM 模型，形成上下文相关的深度神经网络—隐马尔科夫模型（Context Dependent-Deep Neural Networks-Hidden Markov Model，CD-DNN-HMM），从而降低语音识别的错误率。

除声学模型之外，语音识别还包含语言模型。举个例子，这里有两句话：英文中的“I know you”（我知道你）和“I no you”（我不是你）。如果我们单纯从发音上来看，这两句的发音是一样的，也就是说，当我说这句话的时候，声学模型输出的音素序列是相同的。那么我们怎么能够让系统识别出“I know you”而不是“I no you”呢？此时就需要语言模型了。简言之，语言模型在语音识别中的作用就是判断一句话是不是在生活中经常说的话。从上面的例子来看，很明显，“I know you”更像是一句生活中经常说的话，所以语言模型会选择“I know you”这条路径。那么如何让语言模型来实现这样的功能呢？其实，只要“I know you”这个句子的概率大于“I no you”

这个句子的概率就可以了。在语言模型中，“I know you”这个句子的概率如式（2-4）所示。

$$P_{\text{IKnowyou}} = p(\text{I}) \times p(\text{know}|\text{I}) \times p(\text{you}|(\text{I},\text{know})) \quad 式（2-4）$$

其中，

$P(\text{I})$——I 出现的概率；

$P(\text{know}|\text{I})$——在 I 出现的情况下，know 出现的概率；

$P(\text{you}|(\text{I, know}))$——在 I know 出现的情况下，you 出现的概率。

如果把式（2-4）应用到一句有 N 个单词的句子，那么该句子的概率如式（2-5）所示。

$$P = P(W_1) \times P(W_2|W_1) \times P(W_3|(W_1,W_2)) \cdots \times P(W_N|(W_1,\cdots W_{N-1})) \quad 式（2-5）$$

其中，

$P(W_1)$——W_1出现的概率；

$P(W_2|W_1)$——在W_1出现的情况下，W_2出现的概率；

$P(W_3|(W_1,W_2))$——在W_1、W_2出现的情况下，W_3出现的概率；

$P(W_N|(W_1,\cdots W_{N-1}))$——在$W_1$至$W_{N-1}$均出现的情况下，$W_N$出现的概率。

这样的语言模型称为 N 元语言模型（N-gram），模型的训练过程就是计算式（2-5）中出现的单词的概率，解码过程就是求解一句话的概率的过程。如果仔细观察就会发现当句子很长时，也就是 N 很大时，会出现一个问题。上面式（2-5）的最后一项，第 N 个词的概率是一个条件概率，条件是前面依次出现第一个词到第 N−1 个词，如果是按照式（2-5）去训练语言模型的话，就会造成数据分散并且参数量过大，在计算句子概率的时候，会很容易发生没有这个概率的情况。假设语言模型的训练语料为 4 句分词之后的句子，具体示例如下。

今天 的 天气 真 不错 啊。

昨天 的 天气 真 不错 啊。

明天 的 天气 真 不错 啊。

后天 天气 真 不错。

语言模型训练之后需要计算下面这句话的概率。

后天 天气 真 不错 啊。

在对语言模型进行训练的过程中，我们会计算上面 4 句话中所有词的概率，关注“啊”这个词，如果使用前面所有出现的词作为条件进行条件概率的计算，会出现 3 种条件概率。

P(“啊” | “今天”，“的”，“天气”，“真”，“不错”)=1

P(“啊” | “昨天”，“的”，“天气”，“真”，“不错”)=1

P(“啊” | “明天”，“的”，“天气”，“真”，“不错”)=1

但是如果使用这样的条件概率来计算“后天 天气 真 不错 啊。”这句话就有个很明显的问题：在“后天 天气 真 不错”条件下，“啊”没有出现在训练语料中，其概率的计算如下。

P(“啊” | “后天”，“的”，“天气”，“真”，“不错”)=0

由于“后天 天气 真 不错 啊。”这句话的概率是由句子中每个词的条件概率相乘之后计算出来的，所以如果不采用一些方式（例如，回退、平滑）进行补救的话，“啊”的条件概率为 0，那么这句话的概率就为 0，也就是说，模型不认为这句话是一句大概率会出现的话。但是从文字上看，显然不是这样的。因为在训练语料中已经存在“后天 天气 真 不错。”这样的句子，要计算概率的句子只是在它后面加了一个“啊”字。除此之外，“啊”在训练语料中也都出现在“天气 真 不错”之后。显然“后天 天气 真 不错 啊。”这句话的概率应该很高才对。

为了解决这个问题，在计算条件概率的时候可以适当缩减往前看的长度。例如，我们规定往前看的最大长度为 2，即只取前面两个词进行计算。经过这样处理后我们发现“啊”这个词只和前面两个词相关，因为训练语料中“啊”的前面只有“真”和“不错”，这时语言模型经过训练之后，“啊”的条件概率就变为 1，其概率算法如下。

P(“啊” | “真”，“不错”)=1

由于训练语料中有 3 句话含有“啊”，而且“啊”的前面都是“真”和“不错”，所以“啊”这个词的条件概率也从原来的 3 个变成 1 个。整体而言，模型训练之后需要记录的条件概率的数量相比之前会有明显减少。而且在对“后天 天气 真 不错 啊。”这句话进行计算的时候不会再出现“啊”的条件概率为 0 的情况，因此模型不会对这句话进行误判。

因为最大往前看的长度为 2，加上本身要计算概率的这个词，总长度为 3，这种就称为三元语言模型（trigram 或者 3-gram）。一般在使用中会把 3-gram 作为上限，还会结合回退、平滑等算法，结合 1-gram 和 2-gram 组成语言模型。在大量训练语料的情况下，我们也可以使用 5-gram 作为上限来进行语言模型的训练。

2. 阿喀琉斯之踵

在传统的语音识别技术中，需要将声学模型和语言模型分开进行单独的训练，而且需要提前固定一个发音词典，将声学模型生成的音素序列映射到单词上。但是传统的语音识别技术存在以下缺点。

（1）需要定义发音词典

英文是以词为单位的，需要使用空格进行分割，而中文不同。因此在中文语料的分词方面面临不小的挑战，并且在定义发音词典、音素集的时候，往往也需要较为专业的相关知识。一般来说，如果需要语音识别达到

比较好的效果，发音词典需要有几十万的词汇，并且需要对每一个词标注音素，这是一个非常耗时的工作。此外，随着互联网的普及，开始出现越来越多的新词、热点词汇，而且这些新词、热点词汇的更新换代速度非常快，很多新词、热点词汇可能只使用几个月甚至更短的时间。如果对这些新词、热点词汇进行实时发音词典的更新，那么还需要对声学模型进行重新训练。等到声学模型训练好，可能这些新词、热点词汇已经不流行了。

（2）特定语言的训练

传统语音识别同样面临方言、口音方面的挑战。对于在不同地区生活的人们，语言习惯有着很大的不同。往往存在“十里不同风，五里不同俗”的现象，仅仅隔着一座山，方言却有天壤之别。这就要求语音识别系统在识别方言、口音的时候，需要根据方言、口音特点和语言风俗建立不同的发音词典。而对于每一种发音词典，我们都要进行声学模型训练和语言模型训练，这大大限制了语音识别在各种方言间的应用。

（3）流程繁杂

在进行语音识别系统训练时，语言模型需要对语言进行 *N* 元组建模。声学模型需要对特征向量序列进行 GMM—HMM 模型的建模，其中，包括单音素的 GMM 系统建模、三音素 GMM 系统建模。如果使用 CD—DNN—HMM 模型进行建模，还需要使用已经训练好的三音素 GMM 系统进行数据的强制对齐后，才能进行 DNN 声学模型的训练。该流程不仅繁杂，而且由于各个模块分别建模，所以我们需要为每个模块训练，单独设计一个目标函数。这些目标函数不一定与识别率强相关，而且繁杂的流程会形成陡峭的学习曲线，使建模的入门难度增大，也对语音识别技术的普及造成了一定的影响。

3. 语音识别的新篇章

在传统的语音识别技术中，深度神经网络虽然已经应用于声学模型训练中，但是语音识别的各个模块仍然是各自独立的。随着深度学习应用范围越来越广，深度学习倡导的端到端训练被应用于各个领域之中，尤其在图像领域取得了巨大的成功，并且催生了端到端模型在语音领域中的应用。因此，很多公司和研究机构开始着手于端到端的语音识别方面的研究。与传统语音识别相比，端到端的语音识别的方式有以下优点：一是端到端模型使用一个模型代替原有的声学模型、语言模型、发音词典等，该模型更加简洁；二是端到端模型省略了传统模型中间每个模型的训练和识别步骤，使语音识别的训练和识别过程更加方便；三是端到端只有一个模型，可以使用识别错误率或者只定义一个损失函数的方式进行整体的模型训练，方便对模型的效果进行评价；四是端到端模型训练不依赖发音词典的建立，所以在新词增量训练、迁移学习、方言、口音等方面降低了模型训练的复杂度；五是端到端的学习曲线更为平滑，有利于语音识别的研究发展和成果普及。

近年来，很多公司都开始研究语音识别的端到端模型。2015 年，百度公司的百度人工智能实验室（Baidu AI Lab）提出了基于端到端结构的语音识别框架“DeepSpeech2”，使用卷积神经网络（Convolutional Neural Networks，CNN）和循环神经网络（Recurrent Neural Network，RNN）结合组成神经网络。谷歌公司发布的“听、参与和拼写”（“Listen，Attend and Spell”）结合了 RNN 模型和注意力机制实现端到端的语音识别。总而言之，在语音方面使用神经网络进行端到端模型的训练和识别尚处于一个相对初级的阶段，很多公司还在探索。随着各家公司研发的不断深入，相信具有多种优势的端到端语音识别很有可能会在识别效果上超过传统的语音识别算法。

4. 努力前行的方向

虽然语音识别已经有了突破性进步，但是随着越来越多基于现实的需

求的提出，未来语音识别的研究任重而道远。语音识别的成果和未来发展的方向见表 2–9。

表 2–9　语音识别的成果和未来发展的方向

过去	现在	未来
小词汇量	大词汇量	新词发现
固定领域	多领域	无领域之分、自由领域
纯净、无噪声	近场、轻微噪声	远场、多人、较大噪声
标准普通话	轻度口音	重度口音、方言
单一语种	多语种	多语种混杂

目前，现有的语音识别系统一般处理的是无噪声的或者有轻微噪声的近场语音，对于远场较大噪声的音频，效果就会大打折扣。此外，说话人声音的音量、音调、语音等都会受到说话人的情绪、心理以及周围环境的改变而改变，甚至发生失真。因此，在信号处理的过程中需要鲁棒性较高的噪声抑制技术。目前，常用的噪声抑制技术主要包括谱减法、环规整技术、增加噪声样本到训练语料中。

受限于语音语料的规模，目前国内大部分语音识别系统基于标准普通话的语音进行训练。有些系统囊括了个别使用较为广泛的方言或者语种。但是当使用这样的系统去识别尚未包含的语种或者语言，其效果往往和预期差别很大。然而对于方言、重口音、小语种的语音，往往需要海量的数据进行训练，这些数据的收集较为困难，甚至训练过程中还有可能需要语音学、语言学等专业背景知识才能达到较好的识别效果。因此，方言、重口音、小语种的识别对语音识别系统来说是较为严峻的考验。

语音识别经过几十年的发展取得了一定的进步，虽然神经网络在图像领域有了突飞猛进的发展，但是由于各种问题，语音领域的神经网络发展得相对滞后。一方面原因是很大一部分的语音仍然没有实现数字化；另一方面原因是图像的标注可以不受语言种类的限制，但是语音的标注和语言种类是有联系的。相比于图像来说，语音方面的公开数据集比较少。此外，各家公司对于语音方面的研究也比较有限。不过，随着数字化技术的发展，越来越多的公司更加重视端到端语音识别技术的研发，相信未来的语音识别系统会达到更好的识别效果。

2.1.2 声纹识别

1. 一张“语音身份证”

声纹是对语音中所蕴含的、能表征和标识说话人的语音特征，以及基于这些特征（参数）所建立的语音模型的总称。而声纹识别是根据待识别语音的声纹特征识别该段语音所对应的说话人的过程。基于声音的特殊性，与其他行为特征相比，声纹识别又兼具生理特征。这种独有的特征主要由两个因素决定，一是每个人的发声腔不同，声腔的尺寸，具体包括咽喉、鼻腔和口腔等，这些器官的形状、尺寸和位置决定了声带张力的大小和声音频率的范围；二是决定声音特征的因素是发声器官被操纵的方式，发声器官包括唇、齿、舌、软腭及腭肌肉等，它们之间相互作用就会发出清晰的语音。人在学习说话的过程中，通过模拟周围不同人的说话方式，就会逐渐形成自己的声纹特征。因此，从理论上来说，声纹就像指纹一样，很少有两个人具有相同的声纹特征。

因此我们可以把声纹提取的特征或者说是“数字密码”，用来标识、解析、识别一个生物个体的唯一性，生物个体可以是人类或者动物。声纹提取的特征通常会被向量化（Embedding）为一个或多个数学向量。例如，512 维或 1024 维的向量，我们可以将这个向量如同身份证上的 18 位数字一样，在某些场景下作为一种“虚拟身份证”，我们给它起了一个有趣的名字——“语

音身份证”。

2. 声纹识别与语音识别的区别

声纹识别试图区别每个人的个性特征，而语音识别则侧重于对说话人所表述的内容进行识别。简言之，语音识别（Automatic Speech Recognition，ASR）关心的是说的是什么，声纹识别（Voiceprint Recognition，VR）关心的是谁说的。

在中国人工智能产业发展联盟（AIIA）、得意音通声纹联合实验室、清华大学人工智能研究院听觉智能研究中心联合发布的“2019 中国声纹识别产业发展白皮书”中，根据实际场景需求的区别，声纹识别可以细分为以下几类。

（1）声纹确认

声纹确认即给定一个说话人的声纹模型和一段只含一个说话人的语音，判断该段语音是否是该说话人所说。

（2）声纹辨认

声纹辨认即给定一组候选说话人的声纹模型和一段语音，判断该段语音是哪个说话人所说。

（3）声纹检出

声纹检出即给定一个说话人的声纹模型和一些语音，判断目标说话人是否在给定的语音中出现。

（4）声纹追踪

声纹追踪即给定一个说话人的声纹模型和一些语音，判断目标说话人是否在给定的语音中出现。如果出现，则标识出对话语音中目标说话人所说的语音段的位置。

从另外一个维度，因为说话人语音天然蕴含着说话内容信息，根据声纹识别与待识别语音的文本内容的关系，声纹识别又可分为以下3类。

（1）文本无关

文本无关即对于语音文本内容无任何要求，说话人的发音内容不会被预先限定，说话人随意录制达到一定长度的语音即可。这种方法使用起来更加方便灵活，具有更好的推广性和适应性。

（2）文本相关

文本相关即要求用户必须按照事先指定的文本内容进行发音。由于文本在相关场景下，语音内容受到限制，整体随机性比文本无关场景下小，所以一般来说其系统性能也会相对较好。

（3）文本提示

文本提示即从说话人的训练文本库中，随机提取若干词汇组合后提示用户发音。文本提示既对语音内容的发音范围进行了限制，又通过随机组合的方式，保留了语音内容的随机性，是文本无关与文本相关的一种结合。

3. 声纹家族史

近年来，声纹识别技术发展迅速，经历了声纹的向量表征的3个阶段，分别为i-vector、d-vector、x-vector。传统的i-vector模型并不区分说话人空间和通道空间，而是将这两个空间合并起来形成一个总体变化空间（Total Variability Space，TVS），采用类似于主成分分析的因子分析方法，使用T矩阵将高维的高斯超向量进行降维并提取出能代表说话人信息的低维总体变化因子（i-vector），然后在低维的i-vector空间里应用线性判别模型（Linear Discriminant Analysis，LDA）来进行通道补偿，进而分离说话人信息和通道信息。由此可见，传统i-vector模型的本质就是一种线性降维模型。

首先我们需要做的是将原始录音文件转换成声学特征，这里我们选择

传统的声学特征——梅尔频谱倒谱系数（MFCC），然后使用 GMM 建模。由于从目标用户那里收集大量的录音数据非常困难，所以我们使用大量的非目标用户数据来训练一个 GMM，这个 GMM 可以看作对语音的表征，同时它是从大量身份的混杂数据中训练而成的，不具备表征具体身份的能力，所以我们需要基于目标用户的数据在这个混合 GMM 上进行参数的微调，从而实现目标用户参数的估计，学术界基于此目标提出了 GMM—UBM 模型，其中，UBM 是指通用背景模型（Universal Background Model）。i–vector 的计算是根据式（2–6）所得。

$$M = m + T\omega \qquad \text{式（2–6）}$$

其中：

M——说话人语言的超级向量；

m——说话人和信道不相干的超级向量；

ω——具有标准正态分布的随机向量，代表说话人和信道相关的向量，即 i–vector；

T——低秩矩阵，表示一个总体变化空间矩阵。

在求解过程中，先要估计各阶统计量，然后总体子空间矩阵 T 的获得可以使用最大期望算法（Expectation Maximization，EM）。这里得到的 i–vector 同时包含说话人（Speaker）和信道（Channel）的信息，可以使用 LDA 来减弱信道的影响。

当 i–vector 利用线性变换进行降维时，难以保留原始数据中的非线性特征。研究者们想研究一种更好的非线性变换方法来将高维的高斯超向量降维，进而得到说话人的低维总体变化因子。因此，d–vector 应运而生。

近年来，深度学习在语音识别领域中的成功应用鼓励着研究者们将它运用到声纹识别中去。在 2015 年以前的声纹识别论文中，几乎看不到深度神经网络（Deep Neural Networks，DNN）的存在，如果涉及 DNN，它也只是用于代替 i-vector 框架中的 GMM 模型去计算统计量或提取瓶颈层特征（Bottle Neck，BN）等诸如此类的非本质性、非变革性的工作，直到谷歌公司提出 d-vector 概念。基于 DNN 架构的 d-vector 架构如图 2-8 所示。

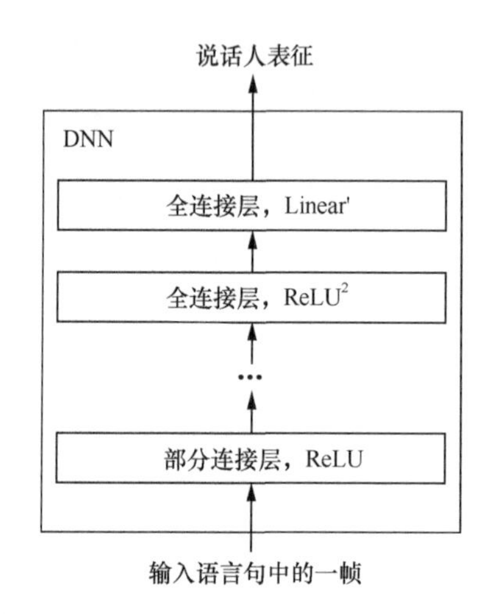

1. Linear 是一种线性激活函数。
2. ReLU 全称 Rectified Linear Unit，是线性整流函数，一种神经网络激活函数。

图 2-8　基于 DNN 架构的 d-vector 架构

声纹识别的过程主要分为以下 3 个阶段。

（1）训练阶段

通过 DNN 为输入的语音数据找到一个合适的向量，希望能找到一个隐变量空间，训练出对所有说话人的分类器，每个说话人都是这个隐变量空间的一个向量。具体做法是采用有监督的学习方式：输入训练集是语音数据和每条语音（Utterance）对应的说话人标签（Label），DNN 的训练目标就是尽可能准确地给出输入语音的标签，即提高语音的分类准确率。

（2）注册阶段

我们去掉一个训练收敛的 DNN 的最后一个分类层（一般称为 Softmax 层），选取倒数第二个全连接层（Fully Connected Layer，FCL）的输出向

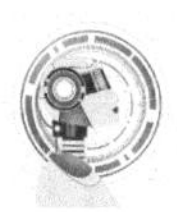

量作为 DNN 对一条语音数据的向量，并把这个向量称为 d-vector。此处得到的 d-vector 类似于传统方法中的 i-vector，可以用于后面的分类、打分等操作。

将某个说话人提供的多段语音输入第一阶段训练好的 DNN 模型中，得到一系列 d-vectors，将这些 d-vectors 做平均计算，可得到对应于该说话人的个性化模型（Speaker Model）。

（3）验证阶段

声纹验证阶段的具体任务是计算注册语音与其对应的测试语音之间的得分（Score），如果得分高于一个预设定的阈值则接受，小于则拒绝。在这个步骤中，可能存在两种类型的错误：一是错误拒绝（False Reject，FR）；二是错误接受（False Accept，FA）。当 FR 和 FA 相等时，我们把这个共同的值称为等错误率（Equal Error Rate，EER）。我们用打分函数计算两个向量之间的余弦距离。

我们将上述阶段整合得到一个简单且全新的架构——端到端架构（End-To-End）。在此架构中，我们用 DNN 来建模作为说话人语音的特征表示，并使用这个同样的 DNN 来做注册和验证工作，这套架构最终得到错误接受和错误拒绝两种损失（Loss）来训练整个网络。

x-vector 是当前声纹识别领域最主流的基线模型框架之一，是基于时延神经网络（Time Delay Neural Network，TDNN）[1]。TDNN 网络结构如图 2-9 所示。假设整个结构简化为输入层、两个隐藏层、输出层为识别出 B/D/G 的音素。

---

1. TDNN 来自 1989 年的论文“Phoneme recognition using time-delay neural networks”, A. Waibel, T. Hanazawa, G. Hinton, K. Shikano and K. J. Lang, “Phoneme recognition using time-delay neural networks,” in IEEE Transactions on Acoustics, Speech, and Signal Processing, vol. 37, no. 3, pp. 328-339, March 1989, doi: 10.1109/29.21701.

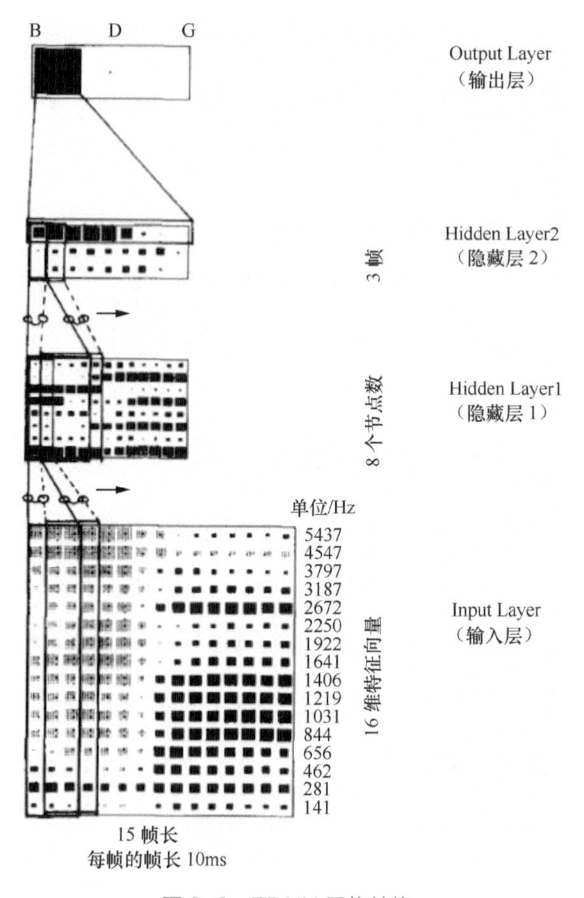

图 2-9　TDNN 网络结构

在输入层（Input Layer），即连续的语音要输入神经网络，语音用一帧一帧来进行分段，每一帧的帧长为 10ms，如果用 mel 滤波器的 16 个特征表征（当然也可以用其他的特征提取算法），也就是每一帧就是图中输入端的一个竖形的矩形向量，代表 *t* 时刻此帧语音数据。

在隐藏层 1（Hidden Layer1）共有 8 个节点，当前时间 *t* 的节点（图 2-9 中矩形图中第一个竖状的矩形向量）与输入层的 *t*、*t*+1、*t*+2 都有关联，时延为 2，也就是隐藏层 1 的节点是由输入层的 3 个时间点的帧来计算出来的。时间向前滚动，在 *t*+1 时刻，也就是隐藏层 1 的第二个竖状矩形向量，就

与输入层的 $t+1$、$t+2$、$t+3$ 计算得来。

隐藏层 1 的参数数量 =16×8×3=384（输入节点的 16 维特征向量，隐藏层 1 的 8 个节点数，关联了输入层的 3 帧）。

在隐藏层 2（Hidden Layer2）共有 3 个节点，隐藏层 1 的时延为 4，即当前时间 t 的节点与隐藏层 1 的 t、$t+1$、$t+2$、$t+3$、$t+4$ 有关。

隐藏层 2 的参数数量 = 8×3×5=120（隐藏层 1 的 8 个节点数，隐藏层 2 的 3 个节点数，关联了隐藏层 1 的 5 帧）。

在输出层（Output Layer），隐藏层 2 的时延为 8。

输出层的参数数量 =3×3×9=81（隐藏层 2 的 3 个节点数，输出层的 3 个节点数，关联了隐藏层 2 的 9 帧）。

综上，合计参数数量为 585（即 384+120+81=585）。

由此可以看出，TDNN 对于语音的特征学习是非常适合的，与图像不同，语音天然就具备时序特点，TDNN 随着时间的推进，可以从不同时序的语音数据中抓取更多与说话人身份密切相关的独有的表征。TDNN 结构的优势在于，其相对于长短期记忆人工神经网络（Long Short Term Memory，LSTM）可以并行化训练，又相对于 CNN/DNN 增加了时序上下文信息。在日常生活中可以体会到，当我们接到一个陌生来电时，如果对方只说一句“喂”，我们可能愣住，一时猜不出是哪位朋友的声音。但当对方继续说了几句话之后，我们的大脑快速反应，很容易辨识出来是谁的声音。

TDNN 网络共享权值示意如图 2-10 所示，绿色线代表权值相同，红色线代表权值相同，蓝色线代表权值相同，以此类推。通过共享权值，可以减少参数值，意味着训练和预测起来非常快，TDNN 是一个比较轻量级的网络架构。

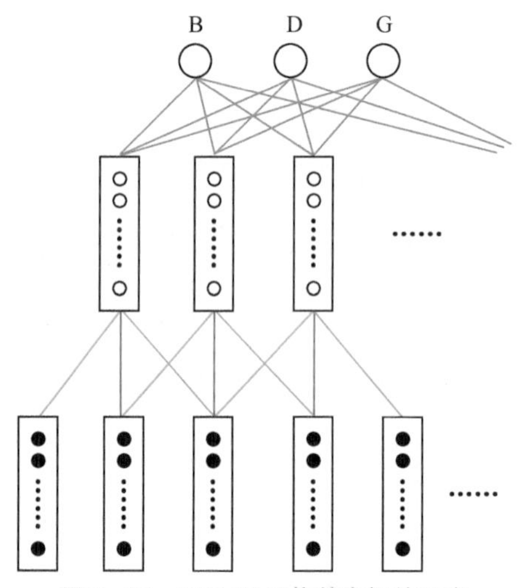

图 2-10　TDNN 网络共享权值示意

d-vector 继承了 TDNN 的精髓，将不定长的语音通过加噪声和加混响进行数据扩充，然后经由深度神经网络映射为定长的向量，称为 x-vector。在网络结构中，在池化层（Statistics Pooling）的下一层，即第 6 层就可以输出声音所对应的 512 维 Embedding 向量表征。之后既可以通过 Softmax 进行分类，也可以按概率形式线性判别分析（Probabilistic Linear Discriminant Analysis，PLDA）等来计算相似度得分。

4. 面向未来的技术展望

随着 2018 年中国人民银行《移动金融基于声纹识别的安全应用技术规范》，以及 2019 年金融科技产品认证的出台，金融业继续稳居声纹识别产业的第一大民用领域。截至 2020 年 12 月，我国约有 30 家银行机构采购了声纹识别技术产品，其中基于“动态声纹密码”的声纹登录场景成为金融业第一大应用场景。值得思考的是，金融行业对安全性、用户隐私性要求很高，对技术的鲁棒性、规模可用性、安全性都提出了较高的要求，声纹技术首先在金融领域落地开花，为以后在其他行业广泛落地打下坚实的技术基础。我们观察到以下几个重要技术趋势。

（1）基于电话信道、实时音频流的声纹识别

当基于话筒的文本相关或文本提示声纹识别技术较为成熟后，随后需要进一步攻关基于电话信道、实时音频流的声纹识别技术。基于电话信道的声纹识别目前还面临以下众多挑战。

- 噪声和采样频率影响：由于电话信道噪声及环境噪声的叠加，所以电话采样频率较专业收音设备采样频率低，多以 6kHz、8kHz 为主，同时由于电话信道多为对话语音，角色分离的准确率不高，这几个方面因素都对声纹识别准确率造成影响。
- 实时流处理难度大：电话信道的声纹识别使用场景大多数为实时对话，需要处理实时流，需要从核心网设备或呼叫中心服务器同步语音流，并与元数据对应，实施难度大。
- 被动采集涉及隐私保护问题：基于电话信道的声纹识别可实现无感知注册及验证，但这会涉及隐私保护问题。此外，被动采集声纹信息，音频质量不可控也是难点。
- 跨信道训练与预测：由于缺乏基于电信信道中文的大数据集，模型的训练可能基于非电话信道数据，而模型的预测为电话信道数据，导致精度下降。

（2）超大规模声纹辨认性能

近些年，公安部正在规划将声纹识别技术纳入公共安全防治方案，并开展声纹采集设备选型。各地公共安全领域相关部门也在加大声纹采集力度。与此同时，声纹数据库建设工作和建库规范也开始提上日程。但类似公安的声纹数据库场景属于典型的 1：*N* 声纹辨认，在实验和实际项目应用中会出现这样的现象：当 *N* 变大时，EER 和 top*N* 的准确率、搜索效率、预测结果的响应速度等性能都会急剧下降。在 *N* 的数量达到上万规模时，声纹识别的性能是否可靠？能否达到商用级别的要求？目前，这些问题是业界需要解决的难点。

（3）多模态多任务联合识别

2020 年年初，新型冠状病毒性肺炎疫情让整个世界、各个行业措手不及。疫情暴发后，人脸识别在很多场景的应用中都遇到了麻烦，用户佩戴口罩，只露出眼眉等部位，人脸识别系统无法识别出来。如果每一个通过闸机的用户都要摘掉口罩才能识别，则增加了感染的风险。此时，非接触、多模态技术的蓬勃发展。单个识别技术（例如，人脸识别）对于解决光照强弱、口罩遮挡、表情变化、尺度变化、设备采集角度等常见问题存在一定的局限性，精度无法达到某些场景下的商业要求。并且人脸识别被广泛应用后，个人隐私数据被各类系统广泛采集，仅凭单一识别技术仍存在漏洞和安全风险，特别是涉及金融支付、用户认证等。

疫情时期，针对电梯、门禁、闸机、取款设备等多种场景都提出了非接触识别需求，多模态技术融合后的产品形态将会明显提升用户使用体验，也就是在这些场景下，“声纹 + 人脸”联合进行识别成为重要趋势。

同时，从国际趋势上，由美国国家标准与技术研究所（National Institute of Standards and Technology，NIST）主办的说话人识别评估（Speaker Recognition Evaluation，SRE）自 1996 年以来一直是最具代表性的说话人识别竞赛之一。来自世界各地的研究团队不断探索用于说话人识别的新算法和最新技术。

2019 年 NIST SRE 包括两个独立的活动。

① 对话电话语音

对话电话语音（Conversational Telephone Speech，CTS）评价数据包括从 CMN2 数据集获得的含有对话的电话语音。CMN2 即 Call My Net2 属于神经网络的训练或测试数据集名字。

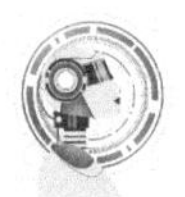

② 多媒体

其评价数据包括语音技术视频标注（Video Annotation for Speech Technology，VAST）语料库中的音频和视频数据。

2019 年 NIST SRE 任务类型见表 2-10。

表 2-10 2019 年 NIST SRE 任务类型

任务	输入	是否关键
音频	视频中提取的音频	是
音视频	音频以及视频中提取的图像帧	是
视觉	从视频中提取的图像帧	否

2019 年 NIST SRE 的主任务为音视频（Audio-Visual）联合识别，新加坡国立大学基于此任务发表了最新成果《声纹系统采用 x-vector 模型；人脸系统采用 ResNet/Insightface 模型》。在此篇论文中，Audio-Visual 的混合方案（Fusion：AV）的 EER 相比单独任务的 EER 等指标有明显下降。EER 指标数据见表 2-11。

表 2-11 EER 指标数据

模式	系统	EER[1]/%	minDCF[2]	actDCF[3]
语音	x-vector$_{16k}$-I x-vector$_{16k}$-II x-vector$_{8k}$	7.79	0.407	0.610
		7.30	0.317	0.558
		8.14	0.414	0.548
		7.02	0.306	0.529
	Fusion：Audio	6.46	0.314	0.321
视觉	ResNer-101	6.16	0.330	0.343
挑战赛提交				
语音—视觉联合	Fusion：AV	2.32	0.131	0.136
后评估				
视觉	InsightFace	1.55	0.049	0.085
语音—视觉联合	Fusion：AV	0.88	0.024	0.026

注：1. EER（等错误率，Equal Error Rate）

2. min DCF（最小检测代价，Minimum Detection Cost Function）

3. act DCF（实际的错误代价函数，Actual Detection Cost Function）

我们看到，如果单独执行声纹识别和人脸识别再用逻辑综合判别，就无法充分利用关联的参数。当多个单任务的判别结果相悖时，例如，声纹识别验证通过，但人脸识别验证失败，那我们该如何判别呢？采用多任务架构（Multi-task Learning，MTL），用一个模型的参数共享来训练，输出多个任务结果是一个可行的解决之道。

除了声纹 + 人脸联合识别，声纹 + 语音联合识别、声纹 + 语音鉴伪联合识别、语种识别和说话人身份同时识别等多任务识别都属于学术界研究的热点，也是未来的重要研究方向。例如，在语音识别和声纹识别任务中，语音中的很多特征是共性的，有相关性的，但也有和各个任务相关的、独有的特征，在多任务学习领域有多种结构，硬参数共享、软参数共享、引入对抗训练后的共享模型等方式可以去解决具体语音识别场景中的多模态、多任务的问题。

除了以上 3 点趋势之外，对于短语音、重叠音的识别重点攻关；针对同一个语音的易变性，例如，生理特征变化（年龄、病理）发音过程控制模式多样性、发音内容变化性，在抗时变性能上进一步增强；进一步提高在跨信道场景下的鲁棒性；研究端到端识别技术的可用性及应用范围；研究无感知声纹，在自然语言对话场景中通过自然对话中的语音来做声纹确认；以及语音防攻击、语音鉴伪等都是业界的重点研究领域和技术趋势，在这里不再赘述。

2.1.3 语音合成

著名侦探类动漫《名侦探柯南》风靡一时，其中的剧情和推理过程令人着迷，众多充满想象力的高科技设备也让人十分羡慕。其中“蝴蝶结变声器”就是柯南每次破案时伪装身份的关键道具，凭借这个道具，柯南能够惟妙

惟肖地模仿毛利小五郎的声音，借用其身份进行推理破案。如果我们重新审视这一道具，就会发现它背后隐藏着先进的语音合成技术。在当今时代，语音合成技术在我们的生活中应用得十分广泛，像机场、火车站的一些广播服务，银行、医院的叫号服务，有声读物、智能机器人和导航 App 上各个明星定制的导航语音包等，这些声音都是由语音合成技术合成的。相信在不久的将来，在动漫里的“变声器”将成为现实。

1. 语音合成技术的历史足迹

语音合成是一种将文字转化为语音的技术，是人机交互中不可或缺的模块之一。如果说语音识别技术是为了让机器能够“听懂”人说话，那么语音合成技术就是为了让机器能够跟人类进行“对话交谈”。

语音合成技术的起源可以追溯到 18 世纪，1779 年，克拉森斯坦（Kratzenstein）通过精巧的风箱等声学共振器模拟人类声带的震动来发出声音，研制出一种机械式语音合成器，它可以合成一些元音和单音。在 20 世纪初，出现了用电子合成器来模拟人发声的技术，最具代表性的就是贝尔实验室的杜德利（Dudley），他在 1939 年推出了名为“VODER”的电子发声器，使用电子器件来模拟声音的谐振。

此后的一个世纪，语音合成技术不断取得突破。1960 年，一位瑞典语言学家系统地阐述了产生语音的理论，提出利用线性预测编码技术（Linear Predictive Coding，LPC）来作为语音合成分析技术，极大地推动了语音合成技术的进步。1980 年，可以模拟不同嗓音的串 / 并联混合型共振峰合成器出现。20 世纪 80 年代末，莫林和夏庞蒂埃提出基音同步叠加的时域波形修改（Pitch Synchronous Overlap and Add，PSOLA）算法，较好地解决了语音段之间的拼接问题，有力地推动了语音合成技术的发展。随着电子计算机的运算和存储能力迅猛发展，基于大语料库的单元挑选与波形拼接合成方法逐渐成熟，并投入商业使用。它的基本思想是从预先录制和标注好的语音库中挑选合适的单元，进行少量的调整（或者不进行调整），拼接得到的合成语音，其优势在于保持了高质量的原始声音。20 世纪末，可训练的语音合成方法被提出。该方法基于统计建模和机器学习的基础，利用一定的语音数据进行训练并快速构建合成系统。这种方法可以自动快速地构建合成系统，系统尺寸小，很适合嵌入式设备上的应用以及多样化语音合成方面的需求。21 世纪，语音合成技术飞速发展。在语音合成达到真人说话水平后，学术界渐渐将眼光转向音色合成、情感合成等领域，力求使合成的声音更加自然，并具备个性化特征。

2. 传统技术的探根求源

传统语音合成技术通常包括语言分析模块和声学系统模块，也被称为前端和后端两个模块。语言分析模块主要是对输入文本进行分析，生成对应的语音学规格书；声学系统模块主要是依据语音学规格书，通过一定的方法生成对应的语音波形，产生发音的效果。

（1）语言分析模块

对于中文的语音合成系统，语言分析模块一般包含多个子模块。语言分析流程如图 2-11 所示，可以简单地描述出语言分析部分的主要工作。

① 文本结构与语种判断

当文本输入后，首先要判断它是什么语种，例如，中文、英文等，再根据对应语种的语法规则，将整段文字切分为单个句子，并将切分好的句子传送到后面的处理模块。

② 文本标准化

此环节需要将文本中包含的阿拉伯数字或者字母转化为文字。根据设置好的规则，使合成文本标准化。例如，“我的身份证后四位是 1234” 中 “1234”

为阿拉伯数字，需要将其转化为汉字“一二三四”，这样便于文字标音等后续工作的进行；同时，因为文本标准化的规则设定了“尾号 + 数字”的格式规则，所以不会将其转化为“一千二百三十四”，这就是文本标准化的形式之一。

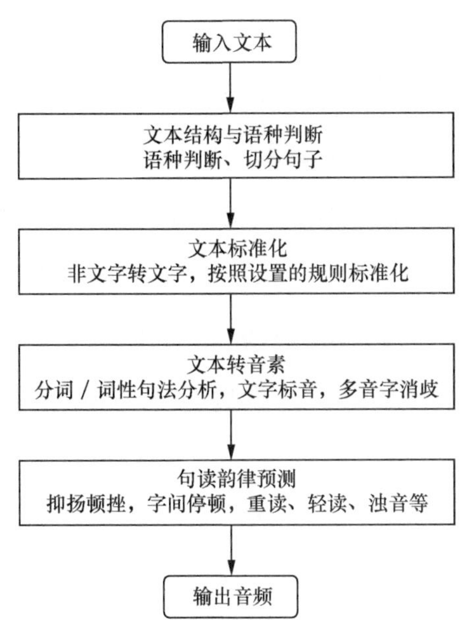

图 2-11　语言分析流程

③ 文本转音素

在汉语的语音合成中，基本上是用拼音对文字标注的，但是有些字是多音字，怎么判断它是哪个读音，就需要通过分词和词性句法分析来判断。例如，“南京市长 江大桥”为“nan2jing1shi4zhang3jiang1da4qiao2”或者“南京市长江大桥”“nan2jing1shi4chang2jiang1da4qiao2”。

④ 句读韵律预测

语气与感情是人类在语言表达时的自然表现，语音合成技术的最终目的是模仿真实的人声，因此需要对文本进行韵律预测。这包括语音合成时应该在什么地方停顿、停顿多久、哪些字词需要重读或者轻读等，从而实现声音的高低曲折、抑扬顿挫。

（2）声学系统模块

声学系统模块主要有两种技术实现方式，分别为波形拼接和参数合成。

① 波形拼接

波形拼接是通过前期录制大量的音频，尽可能全面覆盖所有的音节、音素，然后利用基于统计规则的大语料库拼接成对应文本的音频的一种方法。波形拼接法在语音合成阶段通过模型计算代价来指导单元挑选，采用动态规划算法来选出最优单元序列，再对选出的单元进行能量规整和波形拼接。拼接合成直接使用的真实语音片段，可以最大限度地保留语音音质。其缺点是需要的音频库较大，覆盖要求高，字间协同过度生硬不平滑，而且无法保证领域外文本的合成效果。波音拼接语音合成流程如图 2–12 所示。

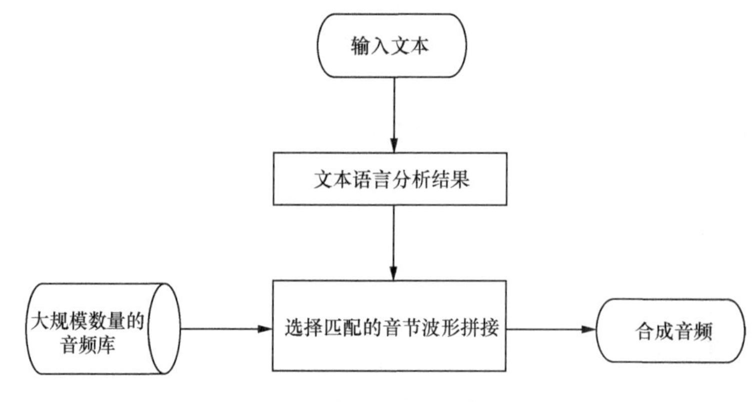

图 2–12　波形拼接语音合成流程

② 参数合成

参数合成主要是通过数学方法对已有录音进行频谱特性参数建模，构建文本序列映射到语音特征的映射关系，生成参数合成器。该方法在训练阶段对语音声学特征、时长信息进行上下文相关建模，在合成阶段通过时长模型和声学模型预测声学特征参数，对声学特征参数做后期处理，最终通过声码器恢复语音波形。该方法可以在音频库相对较小的情况下，得到

较为稳定的合成效果。其缺点在于统计建模带来的声学特征参数“过平滑”问题，以及声码器对音质的损伤。参数合成流程如图 2-13 所示。

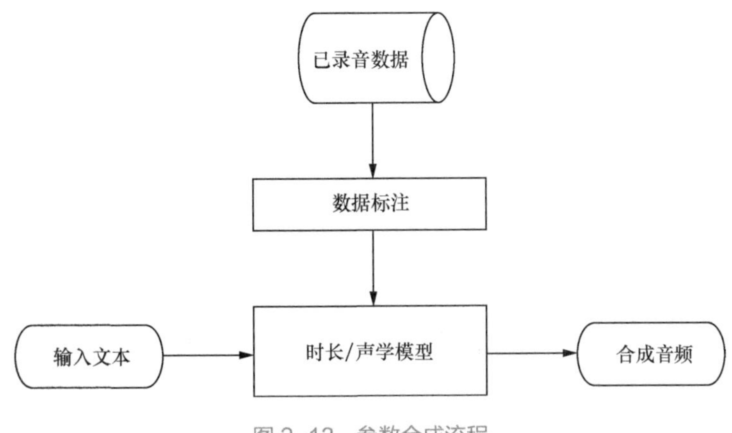

图 2-13　参数合成流程

传统的语音合成系统相对复杂，例如，前端系统需要较强的语言学背景，对于不同的语言，不仅需要语言学知识还需要特定领域的专家支持。后端模块中的参数系统需要对语音的发声机理有一定的了解，并且参数系统在建模时存在信息损失，影响了合成语音的最终效果。后端模块中的波形拼接系统则对音频库要求较高，同时需要人工介入制订很多挑选规则和参数。

3. 基于深度学习的语音合成

传统的语音合成技术存在各种各样的缺点，这些缺点都促使端到端语音合成系统的出现。端到端语音合成系统通过神经网络学习的方法，实现直接输入文本或者注音字符，通过中间黑盒部分就可以输出合成音频，极大简化了复杂的语言分析模块。神经网络具有超强的自我学习能力，有非常多的权重，它可以通过数据和特定的网络结构学习到许多专业领域的专家都难以总结出来的特征，因此端到端语音合成技术降低了对语言学知识的要求，且可以实现多种语言的语音合成，不再受语言学知识的限制。通过端到端合成的音频，合成效果得到进一步优化，表现出丰富的发音风格和强大的韵律表现力，声音更加贴近真人。端到端音频合成概念如图 2–14 所示。

图 2–14 端到端音频合成概念

WaveNet 是由 Google 公司旗下的 Deepmind 团队于 2016 年提出的，它并非一个端到端的语音合成系统，依赖于其他模块对输入文本预处理和提供特征，但它的出现仍然彻底地改变了语音生成的方式。它是受到 Pixel RNN(一种生成模型）的启发，将自回归模型应用于时域波形生成的成功尝试。利用 WaveNet 合成的语音，在音质上超越了之前的参数合成效果，甚至合成的某些语句能够达到以假乱真的水平，引起了业界巨大的轰动。其中，所采用的带洞卷积（Dilated Convolution）大幅提升了感受，满足对高采样率的音频时域信号建模的要求。WaveNet 的优点非常明显，但由于其利用前“*N*–1”个样本预测第 *N* 个样本，所以存在计算量复杂的缺点。WaveNet 带洞因果卷积结构如图 2–15 所示。后来提出的 Parallel WaveNet 和 ClariNet 都是为了解决这个问题，从而实现实时合成，同时使合成语音保持近乎自然语音的高音质。

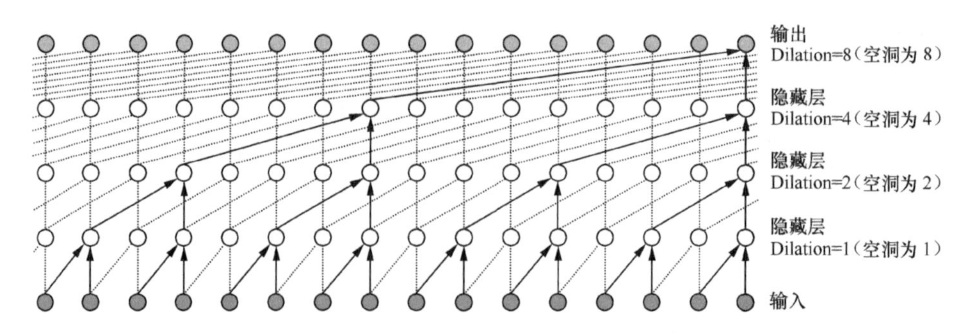

图 2–15 WaveNet 带洞因果卷积结构

2017 年，Tacotron 网络问世，它是一种端到端的生成性的文本转化语

音模型，可直接从文本和音频对上合成语音。这个模型是在音频和文本对上进行的训练，因此它可以非常方便地应用到新的数据集上。Tacotron 是一个 Seq2seq 模型。该模型包括一个编码器、一个基于注意力的解码器以及一个后端处理网络。Tacotron 的端到端网络结构如图 2–16 所示。该模型输入字符，输出原始谱图，然后将原始谱图转换成波形图。这种结构不需要对语音和文本的局部对应关系进行单独处理，很大程度上降低了对训练数据的处理难度。Tacotron 模型比较复杂，我们可以充分利用模型的参数和注意力机制，对序列进行更精细的刻画，以提升合成语音的表现力。相较于 WaveNet 模型的逐采样点建模，Tacotron 模型是逐帧建模，合成效率得以大幅提升，有一定的产品化潜力，但其合成音质比 WaveNet 模型有所降低。

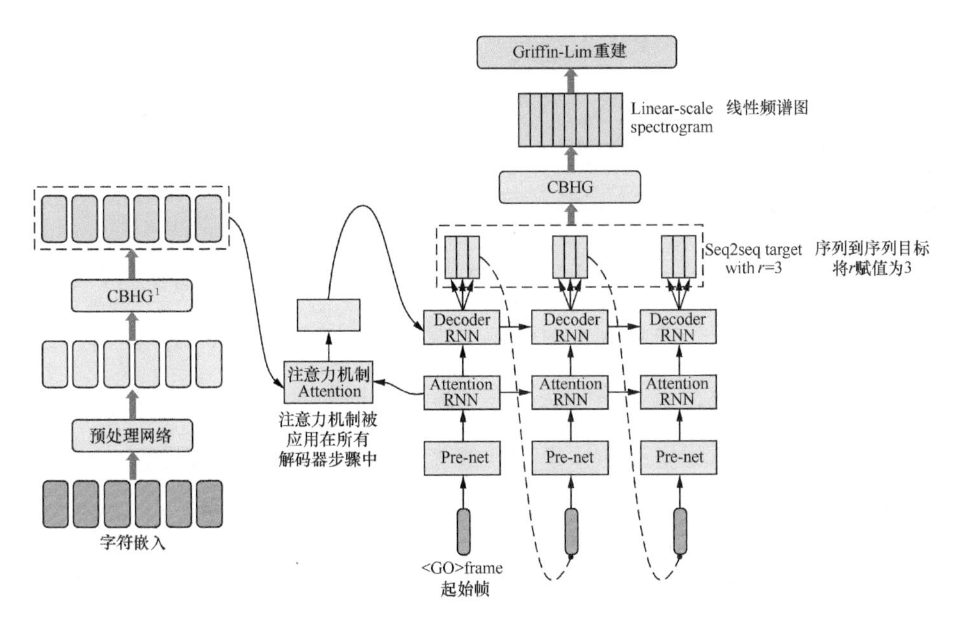

1. CBHG：（1–D Convolution Bank，Highway Network，Bidirectional GRU）高层次特征提取模块

图 2–16　Tacotron 的端到端网络结构

2018 年年初，Tacotron2 将 WaveNet 和 Tacotron 进行融合，成为语

音合成领域的标杆性系统。它既充分利用了端到端的合成框架，又利用了高音质的语音生成算法。这一框架采用与 Tacotron 类似的结构，用于生成梅尔谱，并将其作为 WaveNet 的输入，而 WaveNet 则退化成神经网络声码器，两者共同组成一个端到端的高音质系统。

此外，同时期有 DeepVoice、SampleRNN、Char2Wav 等很多有价值的研究模型陆续出现，这些都促进了语音合成技术的发展。

4. 拦路虎：难点探究

截至目前，TTS（语音合成）技术有诸多应用落地，但是目前的语音合成技术依然存在着一些十分棘手的问题。

（1）韵律感

当前的 TTS 技术拟人化程度已经很高了，但是合成音的整体韵律还是比真人要差很多，真人的声音是带有气息感和情感的，语音合成的声音音色很逼近真人，但是在整体的韵律方面会显得很平稳，不会随着文本内容的变化有大的起伏，只是单个字词的语音还会有机械感。

（2）情绪化

一般来说，对于合成的语音我们都会追求平稳，因此在情感和表达方面不会太丰富。但近些年大家对情感合成的兴趣与需求越来越高。真人在说话的时候可以根据当前情绪状态在语言表达时表现出不同的情感，其他人通过声音就可以知道说话人是开心或者沮丧，也会结合表达的内容接收说话人具体的情绪状态。单个语音合成音频库是做不到的，例如，在读小说的时候，小说中会有很多的场景和不同的情绪表达，但是用语音合成技术的小说音频，整体感情和情绪是比较平稳的，没有很大的起伏。我们可以想象一下，假如我们在和机器交流时能够像和一个真人交谈一样，它可以有平淡的声音、高兴的声音、悲伤的声音，甚至不同的情感有不同的语

气强度，例如，稍微有点不高兴、非常不高兴、非常愤怒甚至是恐惧，可想而知，这种场景会给我们的生活带来多大的改变。

（3）定制化

当前，我们在听到语音合成厂商合成的音频时，整体效果还是不错的，但很多客户会有定制化需求，例如，用自己企业职员的声音制作一个音频库，想要达到和语音合成厂商的合成音频一样的效果，这个是比较困难的。目前，语音合成厂商的录音员基本上都是专业播音员，不是随便一个人的声音就可以满足制作音频库的标准。如果语音合成技术可以实现一个人的声音到达 85% 以上的还原，那么语音合成技术将被应用于更多的场景。

5. 关于双刃剑的思考

牛津大学人类未来研究所曾在一篇文章中提到：人工智能领域的进步不仅扩大了现有威胁，还带来了新的威胁。语音合成技术在带给我们新鲜感与便利的同时，我们也应该想到如果语音合成技术落入不法分子之手，可能会发生很多令人意想不到的情况。

- 垃圾邮件发送者假冒亲人或者朋友来获取你的个人信息或者进行电信诈骗。
- 以霸凌或骚扰为目的冒充他人。
- 冒充政府官员进入绝密区域。
- 利用明星的合成语音来煽动一部分人，或将影响社会稳定。

除了消极影响之外，就像前文所介绍的那样，语音合成技术也有积极的一面。如果这项技术被正确利用的话，也会有以下好处。

- 和智能语音助手说话时感觉很自然，就像与朋友聊天一样。
- 可以定制语音应用程序。例如，健身 App 里鼓励用户锻炼的个性化语言来自阿诺·施瓦辛格。

- 为只能通过文本—语音设备进行交流的人提供了一种交流选项，例如，患有渐冻症的人。
- 用不同的语言为不同媒体文件自动配音。

如何从伦理和法律层面来对待语音合成技术，可能还有待时间去验证，但可以预见的是，优质的声音 IP 将会作为重要的内容生产能力受到人们的重视和追捧。例如，游戏和影视动画领域的虚拟主持人、虚拟歌手等，语音合成技术将使语音的作用从信息获取升级为艺术享受。

2.1.4 自然语言处理

自然语言一直伴随着人类的日常生活，在人类社会生产过程中发展演变而来，例如，汉语、英语、法语都是自然语言。有部分专家认为人类之所以比其他动物更智慧，主要是因为人类有了语言，人类可以有效地沟通交流。后来，人类更是创造出了文字，利用文字将自然语言的信息记录下来并进行传播，而文字的使用历史相比于人类的进化历程来说非常短暂，但人文科技在文字发明之后得到了空前的发展，很多人类的历史也是通过语言、文字的形式进行保存并流传的。

自然语言处理是计算机科学、人工智能和语言学的交叉领域，它的目标是让计算机能够理解并处理人类的语言。我们每天都在听、说、读、写自然语言，可能对理解自然语言这件事情的困难没有太多认识，但因为它本身的一些特性，计算机处理自然语言依然存在很多棘手的问题。

以机器翻译为例，机器翻译指的是利用计算机自动地将一种自然语言翻译为另外一种自然语言。自然语言处理的兴起与机器翻译这一具体任务有着密切联系，它也是人工智能的标志性任务，可以说有着丰富的研究底蕴，但机器翻译发展至今仍没能达到人类翻译的水平。机器翻译错误示例如图

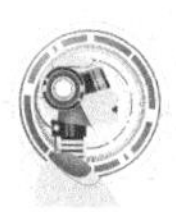

2–17 所示。当我们在翻译平台中输入"the box is in the pen"时，系统自动将其翻译成"盒子在钢笔里"，虽然我们可能不太清楚"pen"还有"围栏"的含义，但可以肯定在此处不是"笔"的意思，类似这样的错误在机器翻译中还有很多。不幸的是，机器翻译还只是自然语言处理众多研究任务中的一种，更多问题在各个自然语言处理任务中普遍存在。

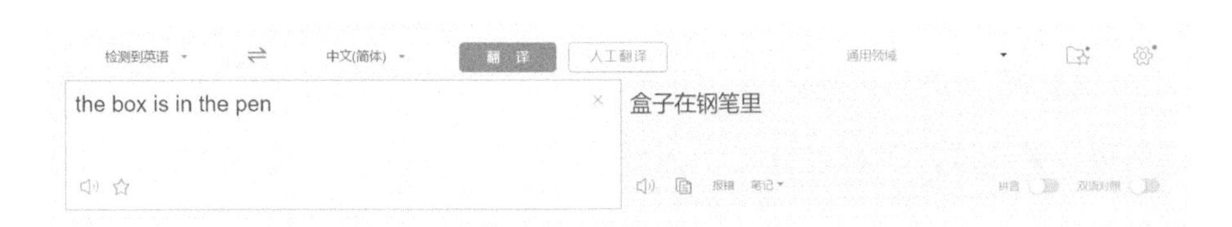

图 2–17　机器翻译错误示例

1. 中文分词：不可或缺的一门手艺

中文分词是中文文本处理的一个基本环节，也是中文自然语言处理的基础。不同于英文，中文句子中相邻词之间没有明确的边界符。因此，中文自然语言处理通常需要先采用分词算法对文本分词，并且分词效果将直接影响词性分析、文本分类等任务的识别性能。现阶段，常见的分词算法有机械分词方法和统计分词方法。

机械分词方法也被称为基于词典的分词方法。这种方法的总体思路是按照预设的规则将待处理的文本与词典库中的词逐一匹配。如果词典库中存在某个字词，则在该字词处划分词边界。分词中常用的匹配规则有正向最大匹配法（Forward Maximum Matching，FMM）、逆向最大匹配法（Backward Maximum Matching，BMM）和双向匹配法（Bi-direction Matching Method BMM2）。FMM 是从左向右按照匹配字数最大原则与词典库中的字词进行匹配，而 BMM 与 FMM 原理基本一致，只不过是将匹配方向改为从右向左。双向匹配法是从 FMM 和 BMM 分词结果中选取切分次数最少的作为最终结果。机械分词方法应用广泛且分词速度快。未来，该方法可从字符串匹配方法和升级词典库等方向进行优化。

统计分词方法是从统计学的角度计算相连字组成的词在语料库中出现的频率，频率越高代表成词的可能性越大。统计每种划分形式所对应的似然概率，似然概率最大者作为最终的分词结果。目前，分词中常用的算法是隐马尔科夫模型（Hidden Markov Model，HMM）、条件随机场（Conditional Random Fields，CRF）等。以 CRF 分词为例，其基本思路是将分词转变成序列标注任务，模型兼顾了词频和上下文信息，具备较好的学习能力，并且对歧义词和未登录词（未在模型训练中出现的词）的识别都具有良好的效果。

在实际的自然语言处理项目中，我们经常需要选择分词工具对中文文本进行分词，再将分词结果作为后续文本分析的基础。我们推荐开发新手使用结巴分词工具进行入门操作，该工具简单易用，说明文档较为全面，并且有成熟的 Python 调用接口。针对分词的不同使用场景，结巴分词工具支持精确模式、全模式和搜索引擎模式 3 种不同的分词模式，能够使用前缀词典快速匹配分词，并且对未登录词采用 HMM 进行识别预测，具有稳定性能。此外，开发者还可以根据自己特定的文本域，添加修改自定义的分词词典库，优化后的词典库可以进一步提升分词效果。

2. 文本分类：进入 NLP 世界的那扇门

在日常生活中，我们有时会被各种垃圾邮件骚扰，例如，澳门博彩邮件、店铺广告、网站订阅推广等。针对以上情况，绝大部分邮件客户端软件都提供了垃圾邮件屏蔽功能，而识别垃圾邮件的背后就是使用了文本分类技术。文本分类是指将某一文本划分到其所属类别的过程，它是自然语言处理领

域中最为基础的一项任务，处理的文本形式可以是短句、段落甚至是一篇文章。除了辨别垃圾邮件，文本分类还被广泛应用在情感识别、新闻分类、意图识别等场景中。

最早的文本分类是由专家设计具体的规则来实现对文本的分类，但这种分类方法过于烦琐，并且识别准确率和适用性都不能满足用户需要。自20 世纪 60 年代起，基于统计的机器学习算法开始被运用于文本分类任务中，这相比于基于专家规则的文本分类方法是一次巨大的技术飞跃。在使用基于统计的机器学习算法之后，研究者们普遍将文本分类问题拆解成文本特征工程和分类器两个模块。文本分类处理流程如图 2-18 所示。

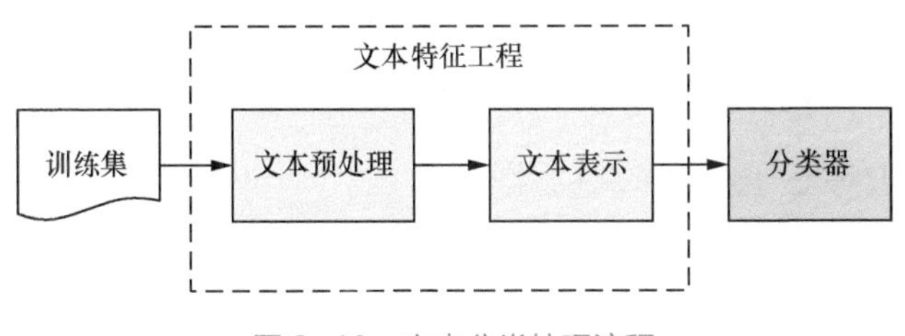

图 2-18　文本分类处理流程

文本特征工程的主要作用是将文本转换成计算机可识别、可计算、具有表征性的数值类型表示，文本特征工程还可以细分为文本预处理、文本表示两个部分。

（1）文本预处理

文本预处理是文本分类中不可或缺的一部分，主要包括分词和去除停用词两个步骤，通过文本预处理可以去除掉对文本分类没有帮助的字词和标点符号。在分词阶段，英文文本的分词主要依赖文本中的空格和标点，而中文文本则需要借助中文分词工具。去除停用词阶段则是在分词结果的基础上去除连词、介词、标点符号等。

（2）文本表示

文本表示的主要作用是通过特征提取算法或分布式表示等方法，将字符类型的字词表示成数值类型的向量。常见的特征提取方法有基于词频、词频逆文档频率、互信息、信息增益等统计方法。这些方法通过统计手段将字词表示成可计算的向量，但由于本身存在高纬度、稀疏、特征表示能力弱等缺点，深度神经网络在这类特征提取上的效果并不佳，而近年来提出的文本分布式表示方法是深度学习在文本分类任务中取得突破的一大重要助力。

在深度学习方法进入人们视野之前，文本分类的分类器大部分是选择朴素贝叶斯（Naive Bayes，NB）、k 近邻（k–Nearest Neighbor，kNN）、支持向量机（Support Vector Machines，SVM）和随机森林（Random Forest，RF）等基于统计的机器学习方法。在 2010 年左右，深度学习方法因其强大的特征提取能力，在大部分文本分类任务中取代了传统的机器学习方法，成为文本分类的首选分类器。基于深度学习的文本分类在文本分布式表示的基础上，利用卷积神经网络（Convolutional Neural Network，CNN）、循环神经网络（Recurrent Neural Network，RNN）等神经网络抽取文本中深层次的语义信息，去除了烦琐笨重的特征工程步骤，进一步提升了分类准确率以及效率。

2014 年，用于文本分类的 TextCNN 模型被提出，它针对 CNN 的输入层做了一些变形，TextCNN 示意如图 2–19 所示。由图 2–19 可以看出，TextCNN 模型其实只有一个卷积层、一个最大池化层以及一个 Softmax 分类层。该模型的最大优势是网络结构简单、计算量小、训练速度快。TextCNN 模型在多种文本分类数据集上取得了优异的成绩，证明了浅层的卷积神经网络能够在文本分类任务上取得较好的分类效果。

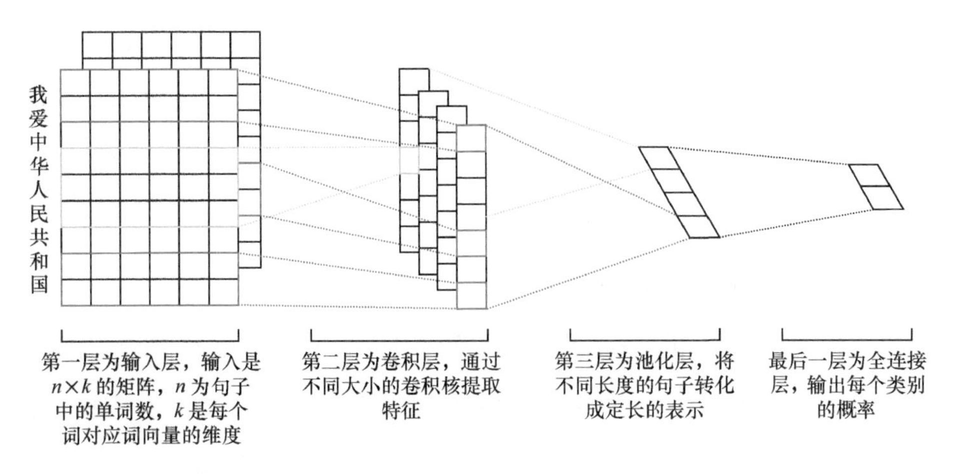

图 2-19　TextCNN 示意

2016 年，fastText 模型被提出。fastText 模型的结构非常简单。fastText 网络结构如图 2-20 所示。它的输入是一串分词后的序列，输出是这个词序列属于不同类别的概率。fastText 模型的计算过程是将序列中的词嵌入特征加权求和形成特征向量，特征向量通过线性变换映射到中间层，再由中间层映射到标签。fastText 模型的出发点就是“快”，它能够在大型数据集上快速训练，在使用标准多核 CPU 的情况下 10 分钟内就能够处理超过 10 亿个词汇。

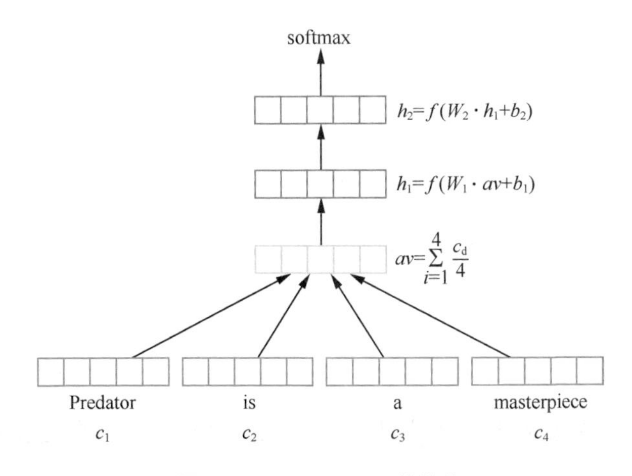

图 2-20　fastText 网络结构

同样是在2016年，多层注意力模型（Hierarchical Attention Network，HAN）被提出，HAN模型受阅读文章时不同的词和句子对人理解文章信息有不同影响的启发，同时考虑了词和句子与上下文信息的关联性。HAN模型是基于注意力机制的模型，提出用词向量来表示句子向量，再用句子向量表示文章向量，并且在词层级和句子层级分别引入注意力机制。实验表明，在一些经典的实验数据集上，相比同时期的其他模型，HAN模型大幅提升了实验指标。

尽管文本分类在深度学习方法的帮助下取得了很大的进步，尤其是在过去的5年中，一些新的思想不断被提出。例如，自注意机制、Transformer、变压器的双向编码器表示（Bidirectional Encoder Representations from Transformers，BERT）和XLNet等，但仍存在很多的挑战。首先，当前的模型大都非常依赖大规模的标注数据，模型在少量标记的类别上识别效果一直有待提高。其次，当数据集中有一些噪声样本时，模型的识别性能会大幅降低，如何提高模型的鲁棒性是当前研究的热点和难点。最后，模型的可解释性差，深度神经网络各层的特征解释一直存在争议。总而言之，文本分类要达到与人类相当的学习能力还有很长的路要走。

3. 命名实体识别：文本重要信息的挖掘机

近年来，智能家居市场进入高速发展阶段。其中，智能音箱是最受消费者欢迎的家居设备之一，国内的手机与互联网厂商相继发布了诸如天猫精灵、小爱音箱、小度智能音箱等产品。人们可以通过对话直接操控音箱，例如，可以要求它查询天气、播放音乐、设置闹钟等，也可以通过它级联控制家中家电设备的开关。

智能音箱的核心价值在于“智能”，如果没有足够强的人工智能技术，音箱厂商们根本无法驾驭智能音箱。以亚马逊的Echo智能音箱为例，作为智能音箱的“鼻祖”，亚马逊公司为其配置了超过2000人的研发团队，

这么高配置的投入让人叹为观止，人工智能技术对智能音箱的重要性不言而喻。

命名实体识别（Named Entity Recognition，NER）技术就是智能音箱的核心技术之一。当使用者说出“帮我查一下明天北京市的天气情况”时，智能音箱能够自动识别语音文本中的实体，例如，“明天”是日期实体、“北京市”是地点实体。以抽取出来的实体为基础，智能音箱系统可以做出更高级的决策。命名实体的识别抽取其实是自然语言处理理解文本语义的一个重要基础，在自然语言处理的多个任务中有着广泛的应用，例如，自动问答、知识图谱搭建等。

NER 是识别文本中具有特定意义的实体，实体类型主要包括人名、地名、机构名、时间、数量、货币、比例数值等。国外 NER 的研究相对较早，1991 年，关于 NER 的研究文章首次发表。该文介绍了将 NER 应用于公司名称识别的系统，引起了研究者的广泛关注。1996 年，NER 首次被引入 MUC-6 会议（主要关注信息抽取问题的会议）中，在以后的各种国际学术会议中，NER 都会作为其中的一个子任务。NER 任务中常用的指标有精准度（Precision）、召回率（Recall）、F1 值（F1-Measure）等。NER 技术最早是采用基于规则和词典的方法，接着又与传统的机器学习方法相结合，目前在深度学习的加持之下进入新的发展阶段。

基于规则和词典的方法是 NER 中最早使用的方法，这种方法通常是利用语言学专家们的经验，手工设计具体的规则模板。在设计好规则模板后，系统通常是采用滑动窗口匹配的方法来抽取实体。这类方法比较依赖于字符串匹配算法以及丰富的词典库。当实际运用中的命名实体抽取需求较为简单时，使用基于规则和词典的方法不失为一种省时省力的方法。但词典库的构建周期较长、人力代价较大，而且在不同领域下的文本移植性差，往往需要语音学专家们重新设计词典库。

基于统计的方法不再需要有语言学专家们参与，可以直接利用人工标注的语料训练机器学习模型。相比于人工设计规则的方法，该方法可以快速实现功能需求。当需要识别跨领域的命名实体时，在新的语料上重新训练即可，省去了重新设计规则的时间。在统计方法中，NER 任务本质上被设定为序列标注问题。基于统计机器学习的方法主要包括隐马尔科夫模型（HMM）、最大熵（Maximum Entropy，ME）、支持向量机（SVM）、条件随机场（Conditional Random Fields，CRF）等。但在众多传统机器学习模型中，CRF 是 NER 任务中最主流的方法，CRF 模型在预测时能够考虑全局上下文信息，标注文本序列中的每一个单元。

基于深度学习的方法是在传统机器学习的基础上更进一步，该方法最大化地摆脱了特征工程。基于深度学习方法的 NER 需要一定的算力基础，该方法首先需要将字词转化成低维稠密的词向量，随后将句子的词向量输入深度神经网络中，利用神经网络强大的特征提取能力，预测序列中的每一个元素的标签。常见的深度学习模型有双向 LSTM-CNN 模型、BiLSTM-CRF 模型。在现阶段，越来越多的深度学习模型被运用在 NER 中。例如，图神经网络、注意力机制、预训练方法等，这些方法也日渐成为主流。

相比于英文，中文的 NER 起步较晚，而且由于语言的特性，中文的 NER 难度更高。首先，中文文本不像英文有空格作为词语的边界标志，分词的不准确以及未登录词的出现会在一定程度上影响识别性能。其次，命名实体的类型数量众多，无论建立知识库还是人工标注数据都需要极大的成本，半监督学习以及无监督学习方法逐渐成为解决这一问题的热门方法。最后，中文在语义表述上存在着多样性以及歧义性。例如，“北京大学”常常被人称为“北大”，NER 任务需要学习更多的文本信息对类似情形进行识别。

4. 文本摘要：快速阅读的好帮手

我们经常有将冗长的文件整理归纳成简短段落的工作，这个过程费时费力。尤其在这个数据爆炸的时代，我们可以通过互联网访问大量的信息，但如何精简归纳这些信息一直是亟须解决的问题，抽取信息的摘要不失为一种好方法。以专业论文为例，论文的最开始往往就是摘要部分，通过这一部分内容，读者可以快速了解论文的总体内容，无须阅读整篇文章，在一定程度上提高了研究人员的学习效率。

文本摘要是一种通过计算机精炼概括整篇文章并生成摘要的技术。文本摘要可以去除文本中大量不重要的信息，以简洁、直观的摘要来概括用户所关注的主要内容，帮助用户更加轻松地从文本中获取关键信息。文本摘要技术有多种分类标准，根据处理文档个数区分，文本摘要任务可分为单文档摘要和多文档摘要。根据摘要生成方式区分，文本摘要任务可以分为抽取式摘要和生成式摘要。

抽取式摘要通过算法直接从原文档中选取若干重要的句子，并重新排序组合形成摘要。抽取式方法生成的摘要相对通顺，但是抽取摘要的粒度较粗，仍存在冗余信息，不能很好地体现文本摘要的特点。抽取式摘要根据实际语料的标注情况可以分为无监督抽取式摘要方法和有监督抽取式摘要方法。

无监督抽取式摘要方法不依赖于人工标注的数据，常采用一些统计手段，计算文本中每个词的 TF-IDF（词频－逆文档频率）等特征，间接得到句子的权重分数，选择最重要的几个句子作为最终结果。在这些无监督抽取式摘要方法中，最著名的是 TextRank 算法。TextRank 是在 PageRank 算法的基础上进行了改进，能够很好地适应文本摘要任务。TextRank 算法将每个句子作为图的一个节点，首先将一篇文档中每个句子两两间通过边连接，然后计算句子间的相似度并将其存放在矩阵中，将相似度矩阵转换成以句子为节点、相似性得分为边的图结构，最后选择一定数量排名较高的句子组合成最后的摘要。

目前，有监督抽取式摘要方法主要是基于传统机器学习的方法和基于深度学习的方法。基于传统机器学习方法主要是提取句子位置、句子中是否包含关键词等特征来判别句子是否属于最终的摘要内容，并且通常采用支持向量机或者贝叶斯网络等模型，对文本中单个句子独立分类，忽略了句子间的关联信息。基于深度学习的方法是利用卷积神经网络、循环神经网络等神经网络模型对文本中的单元进行抽取形成摘要。其中的一种思路是将摘要抽取的问题建模为序列标注任务，为原文中的每一个句子打二分类标签，0 代表该句不属于摘要，1 代表该句属于摘要，所有标注为 1 的句子可以作为最终的摘要。而现在比较知名的是 BertSum 模型，它是将问题建模为句子排序任务，输出每个句子作为摘要的概率，选择概率最大的 k 个句子作为最终的摘要，在 CNN/Dailymail 和 NYT 数据集上表现优异，是当前用深度学习做抽取式摘要效果最好的模型之一。有监督抽取式摘要方法的优点在于抽取效果通常来说都比较好，但是其缺点也很明显，即需要标注的语料较多。

生成式摘要方法主要依赖自然语言生成技术，它不再提取原文中的句子进行组合，而是通过算法模型对原文语义理解后直接生成自然语言描述的摘要。生成式摘要大部分都是基于深度学习中的序列到序列模型（Sequence-to-Sequence，Seq2Seq）。Seq2Seq 框架结构如图 2-21 所示。Seq2Seq 是一种 Encoder-Decoder（编码—解码）框架的网络，它输入的是原文内容的序列，输出的则是摘要组成的序列，可以避免烦琐的人工特征提取环节，也避开了权重计算、内容选择等模块，只要有足够的输入、输出即可

开始训练模型。目前，很多改进的 Seq2Seq 模型被提出，在以 BERT 为首的大量预训练模型出现后，生成式摘要也有很多工作集中在如何利用预训练模型来做自然语言生成任务。除此之外，由于现实环境中往往缺少标注好的摘要数据，所以还有很多工作聚焦在无监督的方式。相比于抽取式摘要，目前生成式摘要仍存在很多问题，例如，摘要的可读性低，生成式摘要生成的句子有时候会存在不通顺的问题。对于长文本摘要来说，生成效果更差。因为不同于机器翻译中输入、输出的长度基本一致，摘要的源文本的长度与目标文本的长度通常相差很大。

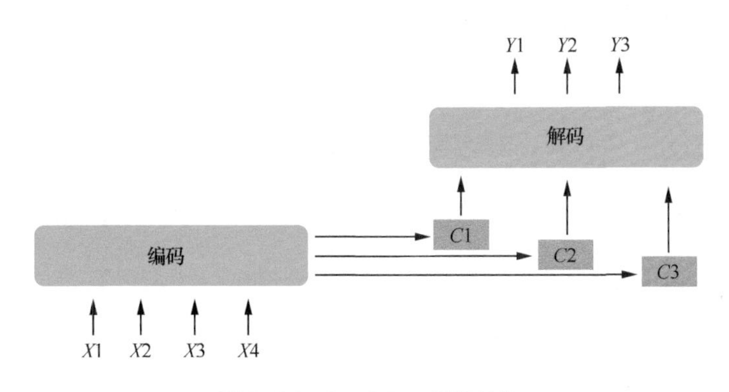

图 2-21　Seq2Seq 框架结构

文本摘要任务中比较常用的评测文本生成的方法有 BLEU、ROUGE 等。这些方法的缺点在于评测质量相对较低，比人工评测水平还低，而且这些方法也只是从基本语义单元的匹配上去评测实际摘要和预测摘要之间的相似性，缺少语义方面的维度。因此，如何设计一个合适的评测方法，也是文本摘要任务的一个热门研究方向。

文本摘要发展至今已经有了很大的进步，主要得益于海量语料和高级模型的支撑。但文本摘要目前还保留着简单压缩句子的“尾巴”，没有真正地实现辅助人们确定关键信息的摘要。同时，各个摘要模型各有优点，在实验结果上各有优势。因此在考虑评价指标的同时，更应该关注问题本身，这样才能使方法更具有普适性，更好地满足真实需要。

本节中主要对自然语言处理中具有代表性的中文分词、文本分类、命名实体识别和文本摘要技术进行了介绍，它们的处理方法基本上经历了从人工处理、统计机器学习方法到深度学习方法的演变，各个方法在不同的需求场景下各有优劣，需要在权衡利弊之后再加以使用。

2.1.5 对话管理

1. 人机交互的大脑

对话管理（Dialogue Management，DM）属于人机对话系统中重要的一个组成部分，可以说，对话管理模块是整个人机对话系统的核心，在整个对话过程中占有极其重要的地位。那么当对话管理的前序模块，也就是自然语言理解（Natural Language Understanding，NLU）模块“理解”了用户的表达内容和意图，接下来该如何回应用户的问题呢？举一个例子，在家庭应用场景中，小朋友对家里的智能音箱说“我想听一首宝宝巴士的儿歌”，接下来智能音箱该怎么应答？智能音箱要做哪些动作呢？这就是对话管理这个“大脑”要完成的任务了。对话管理模块根据语音识别 / 自然语言理解（ASR/NLU）输出的语义表示和当前对话上下文（Dialogue Context）更新对话系统状态，进而决定下一个动作应该是什么，并且同后端数据库或系统、应用进行交互，将系统动作和信息准确地输出给下一个模块，即 DM 对话管理模块。DM 对话管理模块的数据流关系如图 2-22 所示。由图 2-22 可知，DM 的上游为 NLU 模块，下游为自然语言生成（Natural Language Generation，NLG）模块。

图 2-22　DM 对话管理模块的数据流关系

让我们再来深入地进入对话管理“大脑”内部看一个究竟。对话管理模块通常包含两个子任务的需求。

子任务1被称为状态追踪，负责跟踪和更新与对话相关的信息来支持对话管理过程。例如，当前咨询的用户所提到的信息和用户已经确认的信息。状态追踪会将本轮次自然语言理解模块输出的槽和意图信息与对话历史状态信息进行结合，得到当前时刻的对话状态。

子任务 2 被称为策略建模或动作选择，它做出基于对话状态确定系统的下一个动作。

基于上面两个子任务的需求，DM“大脑”内部通常由两个部分组成，包括对话状态追踪模块和决策生成模块。

（1）对话状态追踪模块

用户信息服务系统在很多情况下需要进行多轮次的对话才能完整地了解用户需求，给出精准响应。在多轮对话中，用户可能会变更其信息和需求。因此，为了准确地获得用户信息，用户信息服务系统需要追踪历史对话信息并进行实时更新，保持最新的对话状态，以便选择当前的最佳响应方式。该模块对于状态可观的情况，需要进行目标框架的更新。

（2）决策生成模块

系统在获取用户当前与 DM 的对话状态后，根据用户响应，生成某种恰当的决策与用户进行交互，以验证或者确认用户信息。例如，当智能人机对话系统在与用户交流的某个状态，发现缺少某个或者某些重要信息，有时这些信息是构造下一轮对话的必要条件，智能人机对话系统就需要继续询问用户相关信息，以达到信息完整的目的为止。借助决策生成技术，智能人机对话系统能够逐步按照某种策略与用户进行交互，确认必需的查询信息。

2. 运转机制和策略

下面我们来进入对话管理“大脑”内部看一看人机对话的智能运行原理和过程。对话管理的两个子任务首先基于马尔科夫决策模型（Markov Decision Process，MDP）进行建模。然后通过强化学习（Reinforcement Learning，RL）技术求出最优策略。

马尔科夫决策模型状态如图 2–23 所示。

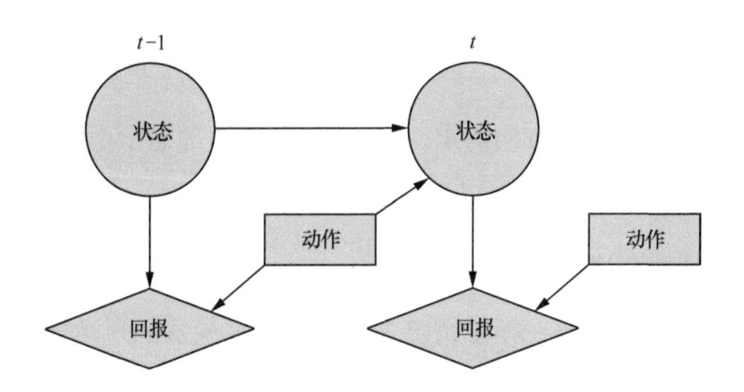

图 2–23　马尔科夫决策模型状态

MDP 模型将需要填充的信息抽象为槽，槽的填充情况为 MDP 模型的状态（State）、动作（Action）集合。它们由每次交互澄清的槽信息和给出的答案两个部分组成，回报（Reward）函数描述的是系统在当前时刻所处的状态执行某一个动作能够得到的回报值。基于 MDP 模型可以求解状态到动作的映射函数（State → Action），通常我们将它称为对话策略，对话系统根据槽的填充情况来选择相应的动作，控制整个对话的逻辑和流程。

MDP 的形式化定义如式（2–7）所示。

$$\left(S, A, P(\cdot|\cdot), R(\cdot|\cdot), \Upsilon\right) \quad 式（2-7）$$

式（2–7）中字母的具体含义如下。

- S 是一个有限的状态集合，$s \in S$。
- A 是一个有限的动作集合，$a \in A$。
- $P_a(s,s') = P_r(s_{t+1} = s' | s_t = s, a_t = a)$ 是在 t 时刻下所处的状态 s，采取动作 a 后能够到达状态s'的概率。
- $R_a(s,s')$是在采取动作 a 之后，从状态s 转移到状态s'的即时回报。
- $\Upsilon \in [0,1]$是折扣因子，通过折扣因子来衡量即时回报和长期回报的重要性。

MDP 模型解决的主要问题是找到一个合适的策略，即上文提到的映射函数，一个能够知道在每个状态下选择合适动作的策略。值得注意的是，一旦策略学习完毕，那么对于任何状态的最佳动作都是固定的。

生成一个对话策略的目标是最大化系统的长期回报，通常对于时刻的期望回报如式（2–8）所示。

$$\sum_{t=0}^{\infty} \Upsilon_t R_{a_t}(s_t, s_{t+1}) \quad 式（2-8）$$

式（2–8）中字母的具体含义如下。

- $a_t = \pi(s_t)$。$\pi(\cdot)$为策略函数，根据当前状态来得到最优的动作；a_t 为 t 时刻下采用的动作。
- s_t 为在 t 时刻下所处的状态。

MDP 模型基于马氏性原则，对于最优策略的动作选择可以简化为只依赖状态，而非其他要素。

因此，总结来看，对话管理建模的方法分成两步会比较清晰。

步骤 1：可以采用 MDP 模型建模。

步骤 2：可以采用强化学习等算法求解策略，例如，Q–Learning。

由此我们可以简单地了解到根据 MDP 和强化学习如何来做最优策略选择的过程。

2.1.6 角色分离

1. 鸡尾酒会问题

一段语音中的角色分离（Speaker Diarization）又被称为说话人日志、说话人分类、说话人分割、说话人跟踪等。角色分离技术与语音识别、语音合成、声纹识别等语音领域的热门技术相比，关注的人较少，但是它却是很多技术中必须具备的。举个例子来说，我们录制了一段两个人交谈过程的音频，需要通过声纹识别去确定其中某一个人的身份，如果录制的时候使用的是单声道录制，那么由于两个人的声音混在一起，直接进行声纹识别的话，无法取得很好的效果。

除了声纹识别，语音识别在某些场景下同样需要角色分离功能。例如，公安机关在审讯犯罪嫌疑人的时候，需要将工作人员和犯罪嫌疑人的声音区分开并且分别进行语音识别，这样可以保证语音识别的效果，同时减少后续工作量。法院庭审使用语音识别做庭审记录同样有这样的需求。

角色分离思想的应用最早是为了解决一个称为鸡尾酒会的问题。这个问题是说，在鸡尾酒会这种比较嘈杂的环境中会存在多种声音，例如，不同人的说话声音、背景音乐声音、餐具发出的响声等，但是在这样的环境中，人却可以把所有的注意力集中在某个目标上，即使在嘈杂的环境下也能够听清目标人说话。

通常来说，角色分离一般分为有监督方法和无监督方法。角色分离可以和语音识别、声纹识别相结合，这样不仅能够识别“什么时候说了什么话”，

而且可以确定“谁在什么时候说了什么话”。此外，在声纹识别中，往往也需要使用角色分离技术对音频进行处理，将一段音频中两个人甚至多个人的声音分离成多个独立音频，然后对这些分离出的音频分别进行声纹识别，大幅提高识别准确性。

2. 无监督聚类

目前较为常用的是无监督方法的角色分离系统，这种系统主要处理的是不同说话人之间没有语音交叠（None Over-lapping）的情况，即多个说话人基本上不会同时说话。一般这种情况下可以使用无监督聚类方法来区分不同的说话人，因为在不同说话人发音切换期间会有一段短时间的静音，所以可以利用这个比较短的静音时间进行语音分割。在语音被分割成小片段之后，可以分别对这些语音片段进行处理。

在检测静音时，我们可以使用语音活动检测技术，将语音以静音为参考进行分割后，我们针对每一段语音使用一些算法来提取这些语音片段的声学特征。不同说话人的声学特征是不同的，不同物品发出声音的声学特征也是有区别的。根据这个特性，无监督方式可以对这些语音片段进行分类。无监督模型的优点在于不需要用训练数据来训练模型，模型会对数据不断进行迭代计算，并且更新模型参数。通过不断更新参数，模型就能够对所有语音片段进行聚类。由于无监督聚类不需要进行数据标注，所以在每次聚类的过程中，可以选取不同的聚类中心个数来控制模型聚类中类的个数，也就是说，在应用过程中可以指定说话人的个数来进行语音片段的聚类。需要注意的是，有监督模型就比较难做到这一点。同样，无监督模型也有缺点，因为没有进行模型训练，所以模型在进行分类时的错误率也会高于有监督模型，对于一些非常短的语音片段，其本身包含的语音特征信息有限。几段来自不同说话人的时长比较短的语音，经过特征提取之后得到的声学特征可能比较相似，单纯靠无监督模型很难将不同说话人进行区分。在进行无监督分类的时候，我们会比较多地采用 k 均值（k-means）聚类、谱聚类等方式对每一段语音的声学特征进行分类。

在 VAD 静音检测部分，我们需要找到一段语音中什么时候是静音，这种技术也被称为端点检测技术（End Point Detection）。传统的 VAD 算法是基于信号处理理论，利于时域信息和频域的能量、倒谱、谐波等特征进行语音 / 非语音判断。其中，传统 VAD 算法也分为很多种算法，例如，双门限。双门限一般指短时能量和短时过零率检测，其原理是元音能量比较大，可以使用短时平均能量进行检测，辅音频率比较高，再综合判断是否为静音。还有通过熵来进行判断的算法，由于噪声在频谱上的分布比较均匀，也就是说，噪声在频谱上的不确定性高，熵又是用来衡量不确定性的指标，所以噪声的熵较大；相反如果语音分布不均匀，熵就较小，我们可以通过归一化的能量得到概率密度，然后计算出熵，利用该原理可以实现有噪声的 VAD 检测。除此之外，还可以使用统计模型的方法来实现 VAD 技术。

随着神经网络的发展，一些专家学者也在研究如何将神经网络同样应用于 VAD 算法中，以此来提升 VAD 算法的准确度。VAD 问题可以转化为一种序列标注问题，最后输出的就是对应位置的是语音还是非语音的判断结果，这是二分类问题。对于这种二分类的序列标注问题，卷积神经网络、循环神经网络、基于注意力机制的神经网络都可以进行建模。目前使用比较广泛的语音采样频率是 8000Hz 和 16000Hz，也就是说，一秒之内有 8000 个和 16000 个采样点，如果直接将语音样本通过神经网络进行训练和判断二分类的话，那么数据量将会过于庞大。有些研究人员会将语音进行分帧、加窗后转化到频域进行操作，例如，转化为梅尔频率倒谱系

数、滤波器组的特征进行处理，一方面，人声频率在频域中一般会集中在 80Hz ～ 1000Hz，规律性较强；另一方面，语音转化为频域后也可以降低数据规模。对于神经网络来说，往往需要比较大的训练集才能够取得较好的效果，如果没有大量人力对音频进行标注的话，就需要使用传统 VAD 算法进行标注，但是对于噪声比较大的音频，传统 VAD 算法也达不到非常好的效果，只能进行人工标注。此外，由于神经网络不管是在训练中还是在使用中都比较耗费计算资源，所以很多人仍然使用传统 VAD 算法。

使用 VAD 对音频进行分割后，需要计算出每一段音频的声学特征，计算声学特征的时候通常使用的是声纹识别领域相关的一些算法，还使用 i-vector 或者 d-vector 作为特征向量。

i-vector 基于 GMM-UBM 框架，其中 GMM 指的是高斯混合模型，UBM 是通用背景模型，GMM-UBM 实际上是一种对 GMM 的改进方法，在声纹识别中目标用户的语音比较少的情况下，使用其他人的语音去训练一个 GMM，我们可以将这种模型看作某一个具体说话人模型的先验模型，然后就可以提前训练 GMM，再使用目标用户的数据对这个模型进行参数微调。GMM-UBM 模型最大的优势就是可以避免过拟合的发生。

x-vector 是通过神经网络计算得到的一种特征向量，神经网络不仅可以使用预训练机制在大规模训练集上进行训练，而且对于一些结构复杂、网络层数较深的神经网络，大规模的训练数据能够在一定程度上缓解过拟合的情况，达到更好的效果。随着模型算法的更新，很多在其他领域上表现出色的模型也被应用于语音领域。例如，从开始的 TDNN 模型，到后来的 CNN、RNN、LSTM、自注意力等模型，这些模型同样在语音领域也取得了很好的效果。对于一些带有噪声的训练集还可以提升模型抗噪声、抗干扰的能力，使 VAD 算法在一些特别场景下，不使用一些降噪方法就能够有出色的能力。

语音片段聚类部分是使用聚类算法将获得的特征向量进行聚类。如果已知说话人的数量，则可以使用谱减法、k 均值等聚类方法进行说话人的聚类。如果未知说话人的数量，则可以建立矩阵聚类，即计算出每一个语音片段的特征向量和其他所有语音片段特征向量的距离。例如，语音片段数量为 n，则建立一个 $n \times n$ 的距离矩阵，两两计算不同语音片段之间的距离，并通过矩阵可以分析哪些语音片段为一类。例如，片段 1 与片段 2、3 的距离很远，和片段 4 的距离较近，片段 2、3 之间的距离也比较近，那么就可以认为片段 1、4 为一类，片段 2、3 为一类。但是这种方式的缺点在于难以界定一种距离的标准，用来判别两个片段是否属于一类。另外，这种方式在长语音的情况下非常耗费计算资源，因为计算距离的次数取决于语音片段的数量。如果语音片段数量为 n，那么计算次数约为 n 的阶乘，即“n！”，这使长语音的计算变得比较复杂。

在特定场景下，我们也可以使用其他的特征来对语音聚类的结果进行校正，例如，使用语音识别的结果来进行辅助。在一些场景下（例如，公安审讯、司法庭审、医生问诊等），说话人双方的语言特征比较特别，我们可以将语音识别结果通过自然语言处理的一些技术（例如，关键词提取、命名实体识别等）来进行关键词的识别，并且根据这些关键词来进一步校正语音聚类的结果。

除了可以使用无监督模型实现角色分离之外，有很多研究人员也在探索如何通过有监督训练实现角色分离的任务。目前，这一领域还处于一个比较新的阶段，这方面的研究并不是很多。相信随着神经网络模型算法的发展，未来这一领域会取得更大的突破。

2.1.7 语音增强

噪声是我们生活环境中最熟悉的“陌生人”，它的种类多种多样，潜藏在日常生活中，但我们对噪声的实质了解却很少。山谷的瀑布直下、泉水的涓涓细流是一种什么噪声？大海的潮起潮落在功率谱上又有什么规律可循？春节时，烟花腾空而起，震撼人心的巨响怎么用算法抹去？这就要说到对噪声的进一步探究和语音增强技术。

语音增强技术是指当语音信号被各种各样的噪声干扰、甚至淹没后，从噪声背景中提取有用的语音信号，抑制、降低噪声干扰。语音增强的主要手段包括降噪（Noise Suppression，NS）、去混响（Dereverberation）、回声消除（Acoustic Echo Cancelling，AEC）、音频增益（Auto Gain Control，AGC）、话筒阵列语音增强等技术。现在我们一起来探究一下噪声的分类和几种主流的语音增强技术，并使用主流工具和算法对 NS 和 AGC 两种技术进行效果验证。

1. 噪声里的大千世界

噪声“潜伏”在我们日常生活的各个角落，分类方式也有多种。

一般情况下，根据噪声对语音频谱的干扰方式可以分成加性噪声和乘性噪声。

（1）加性噪声

噪声和语音信号在时域和频域相加，我们生活环境中的大部分背景噪声是一种加性噪声。例如，风扇的声音、汽车引擎、周围人说话声音等。话筒采集设备在正常范围内可以近似看作一个线性系统，即产生信号的幅度和声强成正比。从能量角度看，背景噪声和语音的声强是相加关系，因此两者对话筒共同作用所形成的含噪语音的信号等于各自形成的信号之和。

严格来说，背景噪声和语音不可避免地存在非线性作用，但其不是含噪语音的主要成分。

噪声还有高斯白噪声、粉红噪声和工厂噪声，三者都属于加性噪声。

① 高斯白噪声

如果一个噪声的幅度分布服从高斯分布，而它的功率谱密度又是均匀分布的，则称它为高斯白噪声。需要注意的是，白噪声未必是高斯白噪声。

② 粉红噪声

粉红噪声的频率分量功率主要分布在中低频段。从波形角度看，粉红噪声是分形的，在一定的范围内音频数据具有相同或类似的能量。从功率（能量）角度看，粉红噪声的能量从低频向高频不断衰减，通常为每 8 度下降 3dB。粉红噪声是最常用于进行声学测试的声音。利用粉红噪声可以模拟出瀑布或者下雨的声音。在线性坐标里，白噪声的能量分布是均匀的，粉红噪声是以每 1 倍频程下降 3dB 分布的。

③ 工厂噪声

工厂噪声是一种非平稳噪声，存在尖锐的类似脉冲噪声的噪声。

（2）乘性噪声

噪声和语音在频域是相乘的关系，在时域是卷积的关系。

根据噪声的统计特性随时间变化程度，噪声可以分为以下几类。

① 周期噪声

例如，发动机噪声。其特点是频域上具有许多离线的线谱。

② 脉冲噪声

例如，打火、放电。其特点是时域波形中出现的窄脉冲。

③ 缓变噪声

例如，人群噪声。其统计特性会随着时间缓慢变化。

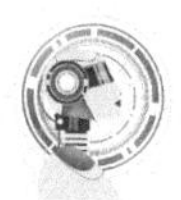

④ 平稳噪声

噪声的统计特性不随时间变化。

2. 经典算法和深度学习双车道：为更加纯净的声音

我们先了解一下经典降噪算法的主要流程。降噪算法流程示意如图 2-24 所示。

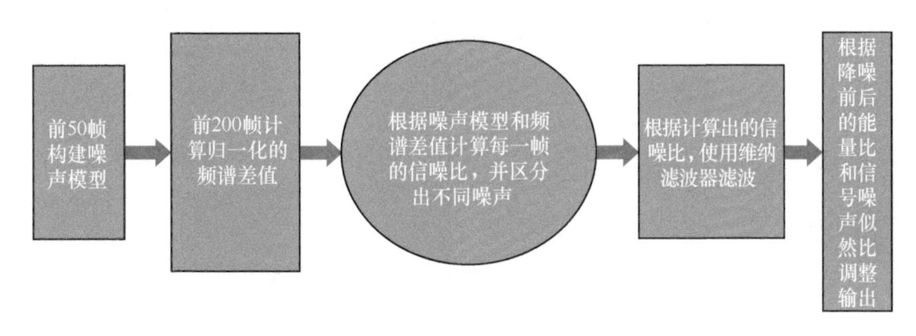

图 2-24　降噪算法流程示意

在传统信号处理方法中主要有两类：第一类方法的核心思想是分析语音和噪声的统计特征，利用噪声估计来预测干净的语音，最经典的方法是谱减法和维纳滤波法，其基本原理是从带噪声的语音中减去预估的噪声的功率谱；第二类方法被称为计算听觉场景分析（Computational Auditory Scene Analysis，CASA），从生理和心理两个方面研究人类听觉系统对声音信号的感知处理和多声源分离过程，从而解决噪声问题。

图 2-24 中的降噪算法采用维纳滤波器抑制估计出来的噪声。其算法原理是首先启动一段语音的前 50 帧的数据来构建噪声模型，另外前 200 帧的语音数据的信号强度用来计算归一化的频谱差值。接下来，根据噪声模型和频谱差值计算出每一帧的信噪比，并区分出不同噪声。然后，根据计算出的信噪比在频域使用维纳滤波器对噪声信号进行噪声消除。最后，根据降噪前后的能量比和信号噪声似然比对降噪后的数据进行修复和调整，输出降噪后的语音。

在这个算法流程里，对噪声的估计准确性至关重要，噪声估计得越准，得到的结果就越好，由此又多出来几种估计噪声的方法，包括基于VAD检测的噪声估计。另外，基于全局幅度谱最小原理的噪声估计认为幅度谱最小的情况必然对应没有语音的时候。此外还有基于矩阵奇异值分解原理来估计噪声等方法。在经典的降噪工具webRTC (Web Real-Time Communications) NS中，没有采用上述方法，而是对似然比（VAD检测时采用该方法）函数进行改进，将多个语音/噪声分类特征合并到一个模型中形成一个多特征综合概率密度函数，对输入的每帧频谱进行分析，可以有效抑制风扇/办公设备等噪声。

由于传统信号处理方法假设了背景噪声是平稳的，也就是它的频率特性不随时间的变化而改变，所以这种经典算法对非平稳噪声的降噪效果并不十分理想。

可以进一步思考，深度学习技术是否能应用，以及如何应用到语音降噪中？深度学习网络本质上是一种手段，可以用来进行目标语音的学习和估计。从训练目标角度来看，可以分为基于掩蔽的目标（masking-based target）和基于映射的目标（mapping-based target）。基于掩蔽的目标有理想二值掩蔽 (Ideal Binary Mask，IBM)，IBM是计算听觉场景分析中的重要目标，已经被证明能够显著提高分离语音的可懂度和感知质量，之后的陆续研究又提出目标二值掩蔽（Target Binary Mask，TBM）、理想比例掩蔽（Ideal Ratio Mask，IRM）、谱幅度掩蔽（Spectral Magnitude Mask，SMM）、相位敏感掩蔽（Phase Sensitive Mask，PSM）等。基于映射的目标可以用来估计干净语音的目标幅度谱（Target Magnitude Spectrum，TMS）等。利用DNN、CNN、GAN等深度神经网络训练一个模型来对IBM等掩蔽或者目标幅度谱进行一个学习和估计，利用估计的分离目标以

及混合信号，通过逆变换等最终获得目标语音的波形信号。近些年，基于深度学习的降噪语音增强方法已经大展身手，学术界进行了大量实验，在实际应用领域有非常光明的前景。

3. 动手实践来降噪

如果读者有代码实践经验，那么以 webRTC NS 为例，我们一起动手实践一个降噪实例，理解会更加深入。在这个实践中的主要步骤如下。

步骤 1：创建降噪句柄。

步骤 2：初始化降噪句柄。

步骤 3：设置降噪策略。

步骤 4：使用滤波函数将音频数据分为高频和低频，以高频和低频的方式传入降噪函数内部。

步骤 5：将需要降噪的数据以高频和低频的方式传入对应降噪处理接口，同时需要注意返回数据也要分高频和低频。

步骤 6：如果降噪成功，则根据降噪后高频和低频的数据传入滤波接口，输出数据即为处理完成的数据。

参数调节：webRTC 的降噪支持 3 种采样率：8k、16k 和 32k。降噪模式有 4 种：模式 0、模式 1、模式 2、模式 3。这 4 种模式的降噪量依次增加，经实际测量一般是模式 2 降噪效果较好。还有一个比较重要的参数就是噪声估计模型宏定义。

我们针对不同种类的样本噪声，用 webRTC NS 进行试验，试验验证的结果如下。

（1）平稳噪声

带有平稳噪声的语音信号降噪前后的波形和频谱分别如图 2-25、图 2-26 所示。由图 2-25、图 2-26 可知，webRTC NS 对于平稳噪声的降噪效果明显。

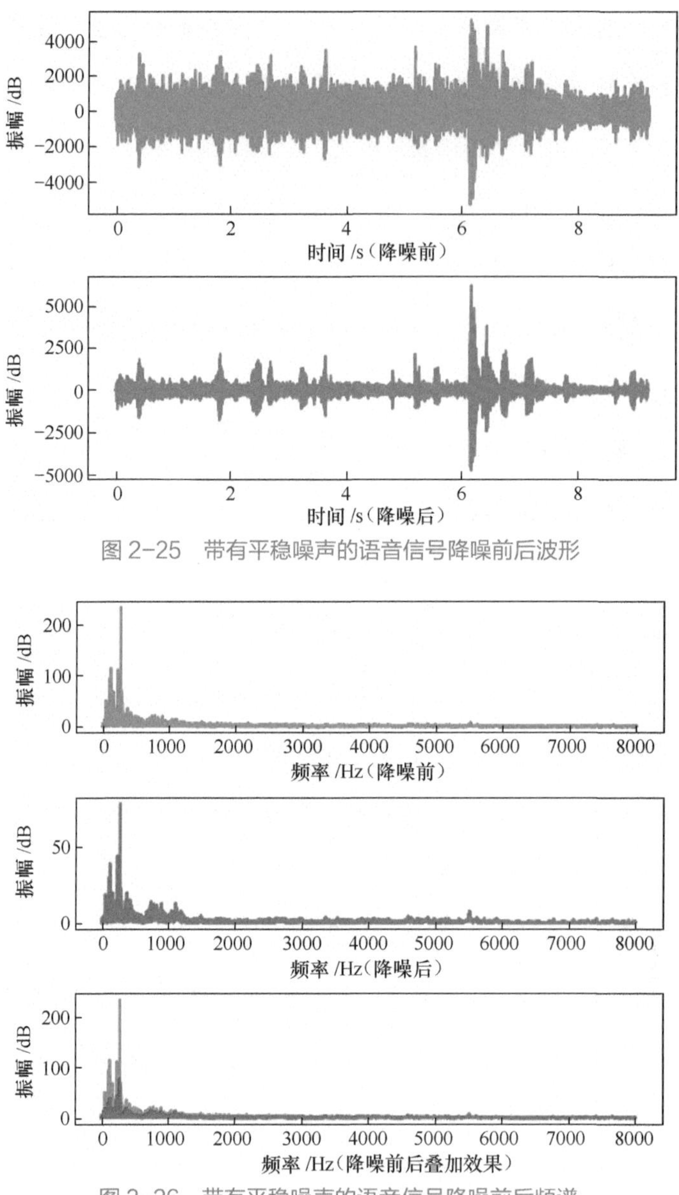

图 2-25　带有平稳噪声的语音信号降噪前后波形

图 2-26　带有平稳噪声的语音信号降噪前后频谱

（2）脉冲噪声

带有脉冲噪声（尖叫、掌声）的语音信号降噪前后的波形和频谱分别如图 2-27、图 2-28 所示。由图 2-27、图 2-28 可知，webRTC NS 对于脉冲噪声降噪效果很差，几乎没有效果。

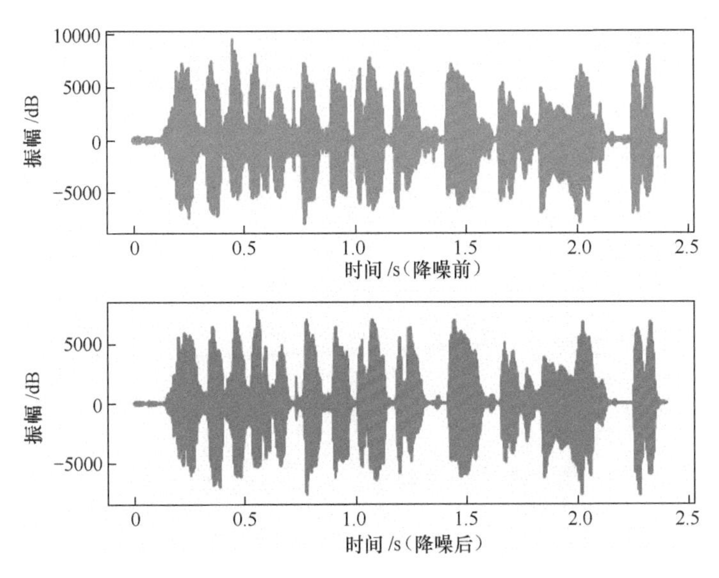

图 2-27　带有脉冲噪声（尖叫、掌声）的语音信号降噪前后波形

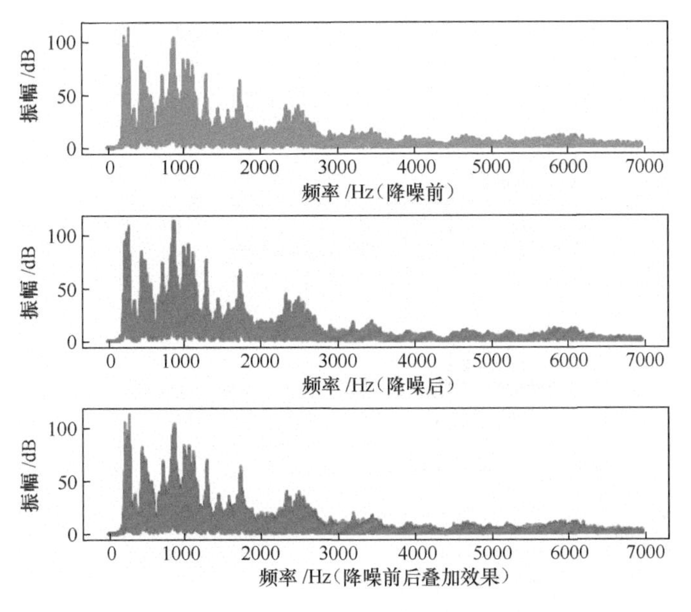

图 2-28　带有脉冲噪声（尖叫、掌声）的语音信号降噪前后频谱

（3）周期噪声

带有周期噪声（音乐）的语音信号降噪前后的波形和频谱分别如图 2-29、图 2-30 所示。由图 2-29、图 2-30 可知，webRTC NS 对于周期

噪声虽然有一定的降噪效果，但达不到把音乐消除的目的。

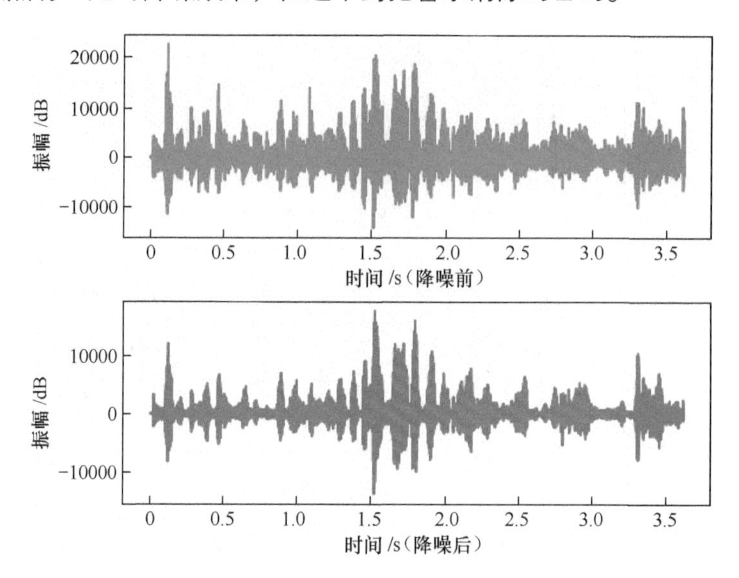

图 2-29　带有周期噪声（音乐）的语音信号降噪前后波形

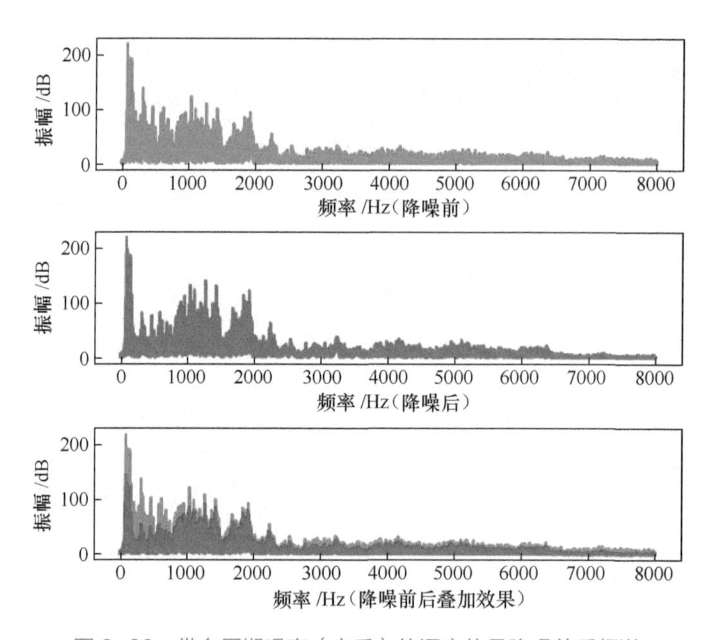

图 2-30　带有周期噪声（音乐）的语音信号降噪前后频谱

（4）缓变噪声

带有缓变噪声（街道声音）的语音信号降噪前后的波形和频谱分别如

图 2-31、图 2-32 所示。由图 2-31、图 2-32 可知，webRTC NS 对于缓变噪声有明显的降噪效果，背景噪声明显减弱，可以达到降噪的要求。

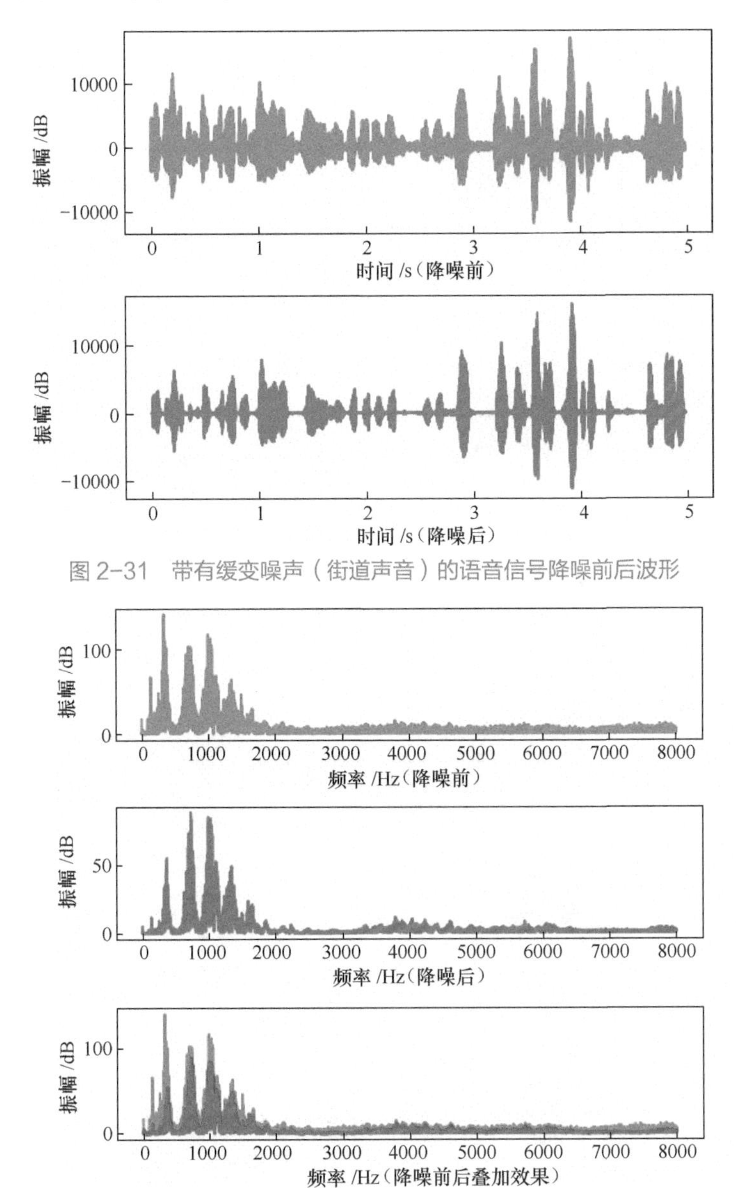

图 2-31　带有缓变噪声（街道声音）的语音信号降噪前后波形

图 2-32　带有缓变噪声（街道声音）的语音信号降噪前后频谱

（5）噪声在前半部分

合成语音信号（噪声在前半部分）降噪前后的波形和频谱分别如图 2-33、

图 2-34 所示。由图 2-33、图 2-34 可知，webRTC NS 利用前 N 帧的噪声检测进行降噪，因此对于噪声有明显的降噪效果，背景噪声明显减弱。

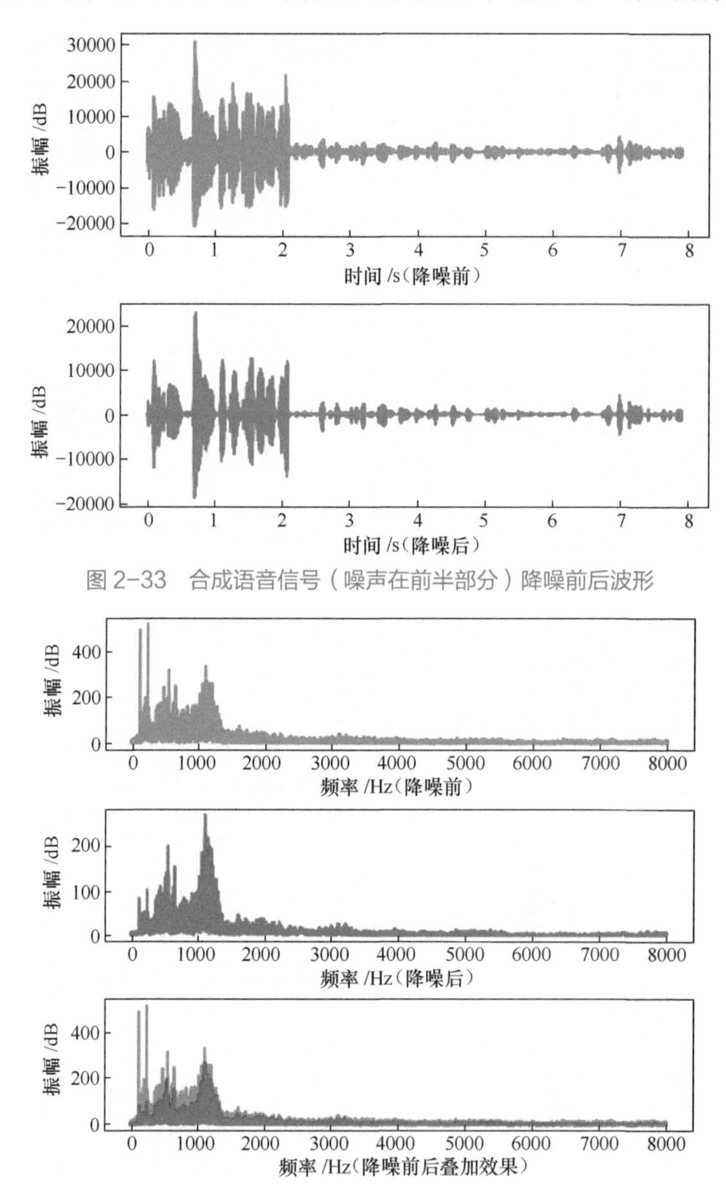

图 2-33　合成语音信号（噪声在前半部分）降噪前后波形

图 2-34　合成语音信号（噪声在前半部分）降噪前后频谱

（6）噪声在后半部分

合成语音信号（噪声在后半部分）降噪前后的波形和频谱分别如图 2-35、

图 2-36 所示。由图 2-35、图 2-36 可知，webRTC NS 对于此类语音信号降噪效果很差，原因在于无法从前面的语音信号中估计噪声。对于噪声不连续的语音信号，webRTC NS 只能对于噪声在前半部分的信号进行降噪，噪声在后半部分的则没有降噪效果。当然，webRTC 只是降噪工具之一，其他降噪算法的降噪效果可能会有所不同，例如，深度学习降噪方法。

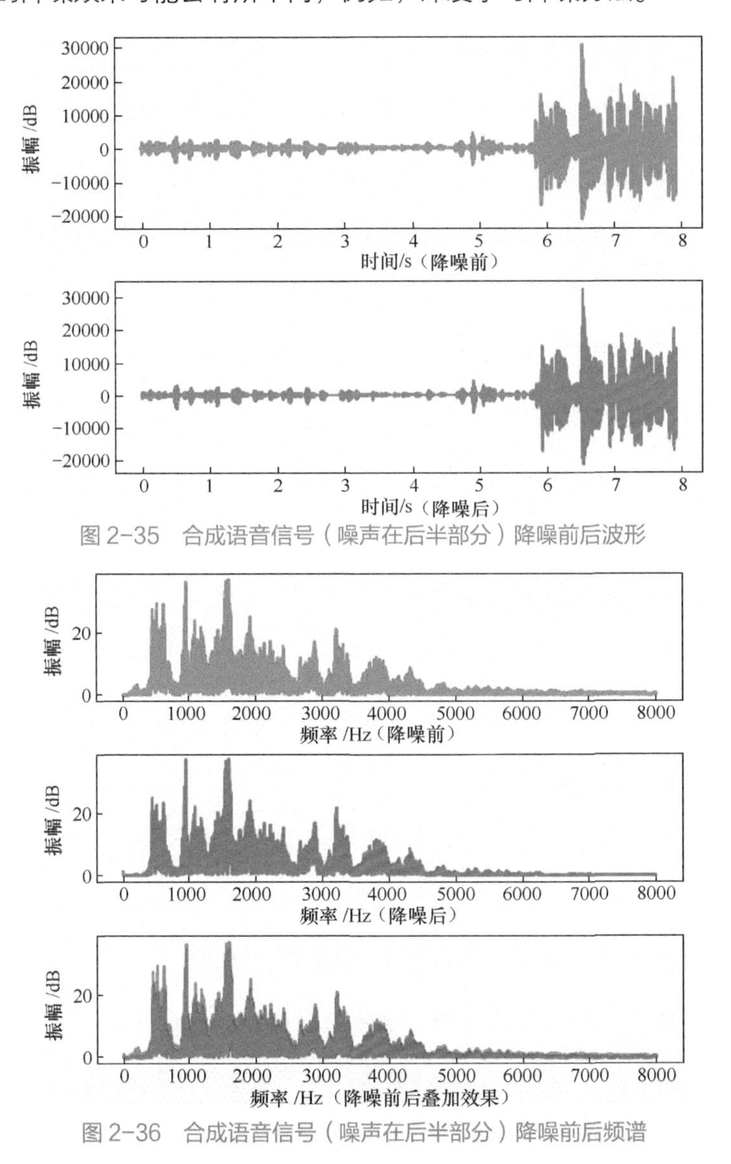

图 2-35　合成语音信号（噪声在后半部分）降噪前后波形

图 2-36　合成语音信号（噪声在后半部分）降噪前后频谱

4. 语音增益：为更高品质的声音

当对语音的响度进行调整时，需要做语音自动增益（AGC）算法处理，目前主流的语音聊天应用都用到这个算法。最简单的硬性增益处理是对所有音频采样乘以一个增益因子，等同于在频域每个频率都同时乘以这个增益因子，但由于人的听觉对所有频率的感知不是线性的，是遵循等响度曲线的，所以这样处理后，听起来感觉有的语音频率加强了，有的语音频率削弱了，这就是语音失真的放大。如果要让整个频段的语音频率听起来响度增益都是“相同”的，就必须在响度这个尺度下进行增益处理，而不是在频率域，即按照等响度曲线对语音的频率进行加权，而不是采用一个固定的增益因子进行加权。

由此可见，语音的自动增益处理可以大致分为两个步骤。

步骤 1：确定响度增益因子。

步骤 2：将响度增益因子映射到等响度曲线上，确定最终各频率的增益权重。

音频增益效果测试和验证如下。

无噪声的语音信号音频增益前后的波形和频谱分别如图 2–37、图 2–38 所示。由图 2–37、图 2–38 可知，webrtc AGC 对于音频有明显的增益效果，在左右频段都对功率进行了增益。

此时，有人可能会有疑虑，单纯的降噪或者单纯的增益在一定程度上改变了原始语音的特征，如果对原始语音有“误伤”，会不会对语音识别、声纹识别的结果有负面影响？这的确是有可能的，我们做了以下实验来验证降噪和增益对声纹识别准确率的影响。在声纹识别 100 人注册的前提条件下，来测试 1：2（即 2 人对话中判定说话者身份）声纹验证的准确率，针对 3～6s 的语音和 6～9s 的语音分别独立测试 1000 次。降噪和增益对声纹识别精度

的影响对比见表 2-12。

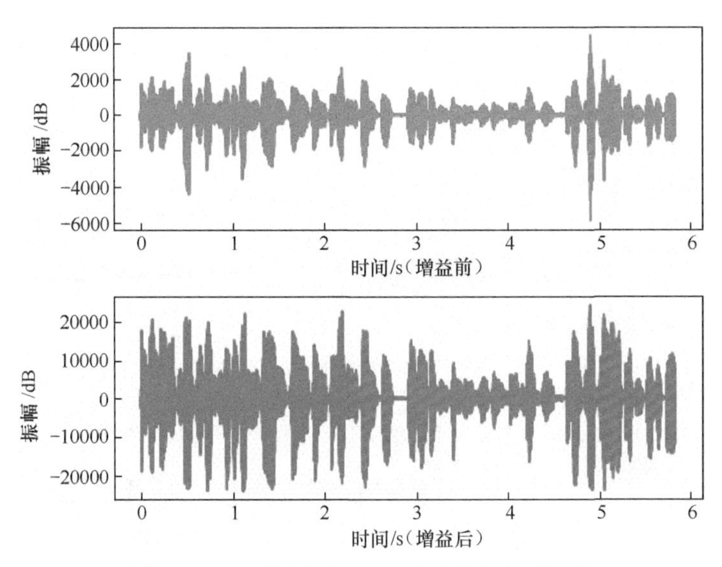

图 2-37 无噪声的语音信号音频增益前后波形

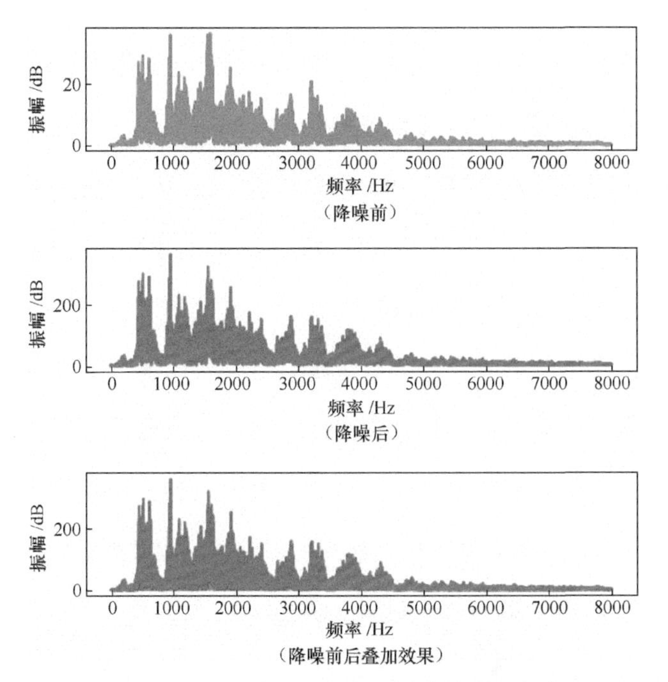

图 2-38 无噪声的语音信号音频增益前后频谱

表 2-12　降噪和增益对声纹识别精度的影响对比

时长 /s	处理音频操作	声纹识别准确率	测试次数 / 次
3 ～ 6	原始数据	0.925	1000
	降噪数据	0.794	1000
	增益数据	0.922	1000
6 ～ 9	原始数据	0.938	996
	降噪数据	0.838	996
	增益数据	0.929	996

注：1. 注册音频文件中 100 个每条时长超过 6 秒。

2. 测试音频文件中 1000 个时长为 3 ～ 6s；996 个时长为 6 ～ 9s。

3. 注册和测试音频来自 VOX 数据集。

4. 声纹准确率用 Accuracy（AAC）计算，即预测正确的样本数 / 测试总样本数。

此次验证主要是为了对比降噪和增益前后音频的准确率。从表 2-12 可以看出，无论是 3 ～ 6s 音频还是 6 ～ 9s 音频，经过降噪和增益处理之后的正确率都有所降低，但增益处理后的准确率降低较少。原因在于音频本身噪声不明显，经过降噪处理之后，反而导致音频失真严重，因此识别准确率有所下降。而增益导致的音频失真比降噪要低很多，一方面降噪会在原数据的基础上减少信息，增益只会增加语音强度，不会损失语音信息；另一方面此次降噪等级为 3 级，会损失大量信息，增益采用固定增益 AGC，只会造成少量失真。

5. “C 位出道”：硬件语音增强技术

当语音交互场景过渡到以智能音箱、机器人或者汽车为主要场景的时候，声源距离话筒较远，并且真实生活环境存在大量的噪声、多径反射和混响，导致拾取信号的质量下降，这会严重影响语音识别率，更谈不上实现声源定位和分离。为了解决单话筒的局限性，话筒阵列技术应运而生。

智能音箱多采用话筒阵列硬件，例如，谷歌公司的 Google Home 的硬件配置采用的是双话筒阵列，亚马逊公司的 Amazon Echo 采用的是环形“6+1”话筒阵列。按一定规则排列的多个话筒系统，对采集的不同空间方

向的声音信号进行空时处理，通过声源定位及自适应波束形成可以进行语音增强，在前端完成远场拾音，并解决噪声、混响、回声等带来的影响。

国际语音识别比赛（Computational Hearing in Multisource Environments，CHiME）是由法国计算机科学与自动化研究所、英国谢菲尔德大学、美国三菱电子研究实验室等知名研究机构于 2011 年发起的，其比赛的目的是希望学术界和工业界针对高噪声、高混响、自由讨论场景提出全新的语音识别解决方案，从而进一步提升语音识别的实用性和普适性。在 2018 年 CHiME-5 比赛中，语音识别的重点聚焦到多个噪声和远场环境下的语音识别，通过采用 4 声道话筒阵列对 20 个真实家庭的晚餐场景进行录音来形成比赛数据，用以考察和测试在家庭聚会等不同场景中自由交谈风格下的远场语音识别效果，其主要难点在于多话筒阵列的同步录音、对话风格自由随意，大量的语音交叠、远场混响和噪声干扰对录音的影响。

话筒阵列是利用一定数目、一定空间构型的声学传感器（一般是话筒）组成的，用来对声场的空间特性进行采样并处理的系统。话筒阵列采用自适应波束形成语音增强，从含噪声语音信号中提取纯净语音；对于说话人说话位置的不确定性，它可以通过声源定位技术来计算目标说话人的角度，来追踪说话人以及对后续的语音定向拾取；对于室内声音反射导致语音音素交叠、识别率较低的问题，它可以利用去混响技术，减小混响，提高识别率。线性、环形、球形话筒在原理上并无太大区别，只是由于空间构型不同，所以它们可分辨的空间范围也不同。例如，在声源定位上，线性阵列只有一维信息，只能分辨 180°；环形阵列是平面阵列，有两维信息，能分辨 360°；球性阵列是立体三维空间阵列，有三维信息，能区分 360° 方位角和 180° 俯仰角。另外，话筒的个数越多，对说话人的定位精度越高，但是定位精度的差别体现在交互距离上，如果交互距离不是很远，5 声道话筒和 8 声道话筒的定位效果差异不是很大。此外，话筒的个数越多，波束能区分的空间越精细，在嘈杂环境下的采集声音质量越高，但是在一般室内的安静环境下，5 声道话筒和 8 声道话筒的识别率相差不大。

可以预计，随着软硬件技术的高速发展，人们为提升语音品质而所做的努力从未停歇过。

2.2 深度学习成为加速器：新技术到“黑科技”

2.2.1 端到端技术

在日常生活中，如果我们吃过晚饭后想要清洗餐具，那么手动清洗碗筷的过程就是非端到端的过程。首先我们需要准备清洁剂、百洁布和需要清洗的碗筷，然后手动擦洗，之后用清水冲洗干净，最后再将碗筷擦干或者晾干。假设我们有一个端到端的洗碗机，就可以直接将清洁剂、水和碗筷放进去，最后得到的是已经洗净烘干好的碗筷。只要输入原始数据，就可以得到我们想要的结果，这就是端到端的概念。

1. 走近端到端学习

端到端学习就是将可以分成多个步骤、多个模块解决的任务使用一个模型来建模解决，一般在深度学习中较为常见，所有参数或原先几个步骤需要确定的参数被联合学习，而不是分步骤学习。也就是说，端到端学习意味着神经网络模型的输入是原始数据，模型的输出是我们直接想要的结果。

下面我们举一个经典的例子，如果我们想搭建一个语音识别系统，那么可能需要构建 3 个组件：计算特征组件、音素识别器组件和最终识别器组件。传统语音识别系统搭建流程如图 2-39 所示。其中，计算特征是提取像 MFCC 一样的人工设计的特征，尝试更多地关注说话内容而不是一些说话

人阐述时的音高等相对无关的内容；音素识别器主要用来判断语音片段中的音素，一些语言学家认为音素是组成声音的最基本单元。最终识别器会按照顺序将所有的音素排列，并且将其转换为最终的输出文本。

图 2-39　传统语音识别系统搭建流程

如果我们使用端到端模型来搭建一个语音识别系统，输入一段音频，最后输出的就是转换后的文本结果。端到端语音识别系统搭建流程如图 2-40 所示。

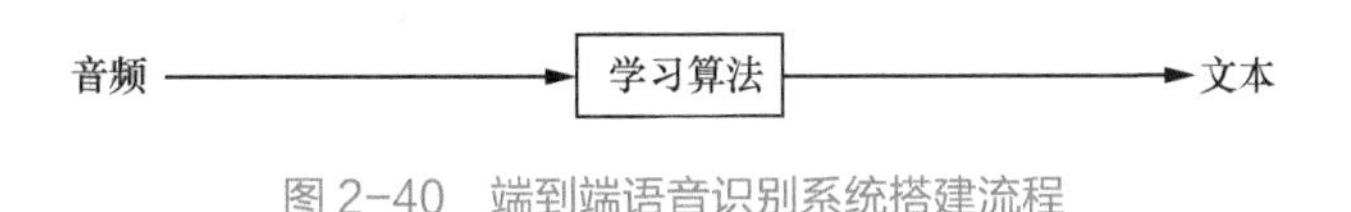

图 2-40　端到端语音识别系统搭建流程

2. 端到端的优缺点

由前文所述，非端到端与端到端的差异十分明显。通常来讲，使用多步骤、多模型解决一个复杂任务的时候，明显的弊端是步骤较多、过程烦琐，需要人工介入，不同阶段的处理可能需要不同领域的知识，对研究人员的要求较高。并且各个模块的训练目标并不相同，某个模块的目标函数可能与系统的宏观目标有偏差，往往获得的是局部最优解而不是全局最优解，这样训练出来的系统最终很难达到最优性能。另一个问题是误差的累积，前一个模块产生的偏差可能影响后一个模块。

近年来，随着很多大规模的公开数据集的出现和更科学、更先进的神经网络的提出，构建“端到端”的深度学习模型求解整体的最优解逐渐受到人们的关注。端到端学习仅使用一个模型、一个目标函数，就规避了多模块固有的缺点，另外，它还减少了工程复杂度。一个网络解决所有步骤就像全自动洗碗机一样，十分方便，也就是大家时常调侃的“炼丹”。

但是，凡事都有两面性，端到端学习并不能满足所有的需求。下面我们将在算法和实际使用两个方面来介绍端到端所包含的问题。

在算法方面，端到端学习的最大问题在于不可解释性，这也是深度学习的一个弊端。在多模块解决方案中，我们可以比较清晰地看到每一个模块的性能，也就是它所能做的贡献。而在端到端学习中，我们很难确定模型中“组件”对最终目标的贡献是什么，哪一部分起到了更加重要的作用是不可知的。换一句话说，端到端学习模型变成了“黑盒”，这也就降低了网络的可解释性。另外，端到端学习是一个完整的学习过程，几乎毫无可操作性，因此其灵活性也更低，这样会带来一个问题，在原本的多个模块中数据的获取难度不一样的时候，端到端学习模型可能需要依靠额外的模型来协助训练，增加复杂度。

在实际使用中，端到端学习的最大缺点就是它需要大量的数据。可以说是海量的数据才可以支撑起端到端学习模型。大量实践证明，在训练样本很少的情况下，端到端学习方法可能不如传统方法，但是当训练样本的数据量足够多、数据集质量足够高的时候，端到端学习的优势越发明显，它具有协同增效的优势，有更大的可能性获得全局最优解，获得最高的性能。

因此我们在实际使用中，要认清端到端学习的优缺点。对于端到端学习生成的模型来说，首先在数据上要和结果相关联，不符合统计学规律的话，模型也是没有办法收敛的。其次，采用合适的端到端模型，才能正确提取特征，得到我们想要的结果。实际上，生物界或自然界普遍不是完全“端到端”的，以神经元来举例，信息传递不是直入直出的，神经网络是有时延的，大脑和皮肤不是直接共享信息的，而是由中间的“兴奋区域”中转的，脑皮层的神经元如果需要信息，它会自己到“兴奋区域”拿，实

际人类神经网络中的各个模块的独立性或许超出了我们的想象。这时候需要研究者们根据具体情况进行分析，想要得到一劳永逸的方法是不现实、不科学的。

3. 广泛植入，大展身手

随着深度学习的飞速发展，各类高质量数据集的不断补充，端到端技术的应用也越发广泛。

例如，在前面章节里介绍过的 Tacotron 模型就是一种端到端的语音合成模型，它可以通过仅输入文本和音频数据对（text，wav）来学习，然后直接输出梅尔频谱，再利用 Griffin-Lim 算法就可以生成波形。

在自动驾驶汽车领域，端到端技术也被证明了其可行性。Nvidia 基于 CNNs 的 end-to-end 自动驾驶技术支持输入图片，直接输出转向角，但其实这个系统目前与真正的自动驾驶差距仍然较大。

在目标检测领域，端到端方法的典型代表是有名的“你仅看一次”（You Only Look Once，YOLO）网络，即 YOLO 网络。它只通过卷积神经网络，就能够实现目标的定位和识别。简言之，就是原始图像输入卷积神经网络中，可以直接输出图像中所有目标的位置和目标的类别。

在语音识别中，端到端也常被使用。传统的语音识别系统有声学模型、发音词典、语言模型。其中声学模型和语言模型是需要训练的。这些模块的训练一般都是独立进行的，各有各的目标函数。例如，声学模型的训练目标是最大化训练语音的概率；语言模型的训练目标是最小化困惑度。由于各个模块在训练时不能取长补短，训练的目标函数又与系统整体的性能指标存在偏差，一般来讲是词错误率（Word Error Rate，WER），这样训练出的网络往往达不到最优性能。通常来讲，在语音识别领域的端到端技术分为端到端训练和端到端模型。

（1）端到端训练

端到端训练一般指的是在训练好语言模型后，将声学模型和语言模型连接在一起，以 WER 或一种它近似的目标函数去训练声学模型。由于训练声学模型时要计算系统整体的输出，所以称之为端到端训练。可以看出，这种方法并没有彻底解决问题，因为语言模型还是独立训练的。

（2）端到端模型

端到端的语音识别系统中不再有独立的声学模型、发音词典、语言模型等模块，而是从输入端（语音波形或特征序列）到输出端（单词或字符序列）直接用一个神经网络相连，让这个神经网络来承担原先所有模块的功能。例如，典型代表是使用一种时序分类算法（Connectionist Temporal Classification，CTC）的 EESEN 模型。这种模型非常简洁，但灵活性差。一般来说，用于训练语言模型的文本数据比较容易大量获取，但不与语音配对的文本数据无法用于训练端到端的模型。因此，端到端模型也常常外接一个语言模型，用于在解码时调整候选输出的排名。

总而言之，端到端学习是深度学习中的一个技术发展趋势，所谓“旧时王谢堂前燕，飞入寻常百姓家”，最终可以预计的是，不久的将来，智能语音甚至人工智能的多个领域中将会有很多端到端的应用。

2.2.2 预训练机制

1. 站在巨人的肩膀上

预训练机制的提出是为了解决端到端模型中的一个短板，前文提到的端到端模型有一个非常大的缺点，那就是在训练端到端模型的时候，需要大量的标注数据才能够获得比较好的效果。例如，如果想训练一个图片分类的端到端模型，那么第一步需要确定图片分类任务要分成几类，每一类都是什么。

第二步需要根据每一类的类别寻找对应的海量图片进行标注，然后才能进行端到端模型训练。寻找图片和图片标注的过程会消耗大量的人力物力。在没有预训练机制之前，如果需要训练一个猫和狗的图像分类，需要找大量的猫、狗图片进行标注后再训练端到端模型。如果需要训练一个花朵种类的图像分类，那就要寻找很多不同种类的花朵的图片进行模型训练。这使每个团队只能单打独斗，从一定程度上也阻碍了端到端模型的发展。除此之外，有些图片分类任务需要的标注图片寻找起来非常困难，这也直接影响到了端到端模型的训练效果。

那么有什么方法能够弥补这一缺点呢？端到端模型虽然可解释性较差，但是其本质就是从海量的数据中总结出一定的规律，通过总结出的规律，端到端模型能够将不同类别的数据加以区分，将同一种类别的数据进行汇总。例如，在图像分类领域，假设有一个模型，这个模型是由上千万张图片训练而成，而且这个模型能够准确地区分出几万个类别。那么可以认为这个模型已经能够比较好地总结出图片分类任务的规律，虽然这个规律从我们人类的角度来说是难以理解的，但是它能够应用在实际的图片分类任务中，就像站在巨人的肩膀上一样，图片分类大方向上的规律已经被模型学习到了，只要使用比较少量的数据再对模型进行微调和训练就可以完成需要的图片分类任务，例如，上面提到的猫狗分类任务、花朵种类分类任务。

2. 图像的预训练模型

介绍图像领域的预训练模型之前，先介绍一个项目——ImageNet 项目，该项目是一个开源的图像数据库。数据显示，截至 2021 年 10 月，ImageNet 数据库中含有超过 1400 万张图片，2 万多种类别。

我们考虑一个问题，既然 ImageNet 数据库提供了大量的图片数据，那么使用这些数据就应该能够训练出一个可以总结出规律的端到端模型。因此这个使用 ImageNet 数据库训练得到的模型再经过进一步的微调和训练得到的模型就能够满足一些图像分类要求了。使用 ImageNet 数据库训练得到的模型称为预训练模型（Pretrained Model，PM）。

假设有少量的猫和狗的图片，我们想使用这些图片训练一个可以区分猫狗图片的端到端模型，在使用这些图片进行端到端模型的训练时，如果从零开始训练的话，少量的训练图片可能达不到很好的效果，这时我们就可以使用预训练模型来进行辅助，不过在使用的时候需要对预训练模型稍加改变，因为预训练模型输出的是 2 万多种图片分类，如果我们想做猫和狗的图像分类的话，不需要这么多的分类，只要改成猫或狗的二分类就可以了。然后我们再使用少量的猫狗图片进行模型训练，模型很快就会完成训练，并且取得不错的识别效果。使用预训练模型在目标数据集上再次进行训练的过程称为增量训练过程，也可以称之为微调（fine tuning）过程。

在进行图像相关的神经网络的训练过程中，预训练和微调是非常常见的方法，很少有人会从头训练一个神经网络模型。因为一般为了取得一个比较好的效果，网络会设计比较多的层数，层数多就意味着神经网络有更多的参数，如果训练数据较少的话，则很有可能会造成神经模型的过拟合，但在预训练模型上进行微调就可以解决这个问题。

除了数据之外，另一个影响端到端学习效果的就是使用什么样的网络结构，ImageNet 项目完美地解决了这个问题，从 2010 年到 2017 年，每年都会举办 ImageNet 大规模视觉识别挑战赛，这些冠军模型都可以作为预训练模型进行微调，这样就能比较好地解决设计网络结构的难题。

3. 其他领域的预训练模型

不同于图像，语言方面的预训练模型的发展受限于语种、方言等因素的

影响，起步相对较晚。虽然预训练语言模型的发展时间较短，但是已经有了很多应用，而且相比于图像来说，预训练语言模型的应用更加广泛。自然语言处理细分了很多方向，例如，命名实体识别、文本分类、情感分析、信息检索、词法分析、文本分词、文本生成等。一般来说，我们不会对某一种方向做大规模的语言模型的预训练，一方面是因为预训练模型的本质就是在相对广阔的目标上面进行预训练，另一方面是相关的、有标注的训练集较小。举个例子，如果我们想训练一个可以实现命名实体识别的语言模型，训练这种模型的时候就需要人工进行数据标注，而进行大量人工标注会耗费人力物力。此时我们可以预训练一个语言模型，经过预训练的语言模型能够总结出文字之间的联系，然后参照图像微调的方式，对模型进行修改，再使用少量标注过的命名实体识别的数据进行训练，就能够实现命名实体识别的功能。

那么预训练模型是怎么训练的呢？其实这种训练可以被认为是无监督训练。从模型构建形式上来说，一般分为以字为单位和以词为单位。对于英文的预训练模型，一般以词为单位进行模型构建，但是对于中文来说，中文不像英文一样使用空格将词分开，所以既可以使用以字为单位又可以使用以词为单位的模型。这两种方式各有优缺点，以词为单位的模型的缺点是，一句话要先使用分词工具进行分词，分词的准确性有可能影响模型的效果。除此之外，当训练完成之后，如果词典进行变更，那么可能需要重新进行模型训练。以字为单位的模型的缺点是，同一个字与其他字组成词之后往往会产生不同的意思，这也会给模型的训练带来一些难度。

模型训练也有多种方式，不同训练方式使用不同的输入输出。第一种训练方式的输入是一个序列，输出为一个序列。例如，输入为“<s> 今天天气非常好”，输出就是“今天天气非常好 </s>”。其中，<s> 和 </s> 仅仅代表句子的开头和结尾，并没有实际意义。这样训练的目的就是希望模型能够学习到字与字之间的联系。同理，我们也可以以词为单位进行建模，第一种训练方式是需要把一句话进行分词，每次输入的是一个词序列，输出也是一个词序列。第二种训练方式输入的是一个序列，输出为一个字或者词。例如，输入为“<s> 今天天气非常”，输出就是“好”。这样训练的目的就是希望模型能够根据前面所有的话来预测下一个词。第三种训练方式输入是对随机一些位置进行遮盖的字序列或者词序列，输出为遮盖位置上原来的字或者词。除此之外，还有很多其他的训练方式，至于选取哪种训练方式还需要根据实际情况决定。

此外，不论对文本进行什么样的加工，我们都无法直接将文本输入神经网络中。因为神经网络是无法直接处理文字的，所以我们需要对文本进行编码。目前来说比较通用的是独热（one-hot）编码。举个例子，假如我们定义一个词典，这个词典是由一些占位符例如，未知字、句子起始符等，加上一些常用词组成的，这个词典容量是 30 万个，即常用词加上一些占位符一共有 30 万个。那么我们把所有词初始化编码为一个长度为 30 万的全零向量，如果这个词是词典中的第一个词，那么向量的第一个元素就为 1，其他位置为 0。如果是第二个词，那么向量的第二个元素为 1，其他位置为 0，这样的编码方式就是 one-hot 编码方式，当然也可以以字为单位进行这样的编码。这样的编码方式可以保证每个词之间是互相独立的，因为编码后每个向量之间的余弦相似度为 0。虽然通过这样的编码方式可以保证两两之间互相独立，同时也带来了一些问题，有些词例如，“头疼”和“头痛”，这两个词的意思基本相同，如果对这两个词使用 one-hot 编码就会导致这两个词意思完全不相关。为了解决该问题，我们使用一个词嵌入（Word Embedding）矩阵，词嵌入矩阵的主要目的一方面是

压缩输入的向量长度，另一方面是词嵌入矩阵会在训练开始的时候进行初始化，随着神经网络的训练，词嵌入矩阵内的元素也会不断更新。更新完成后，使用 one-hot 编码的向量和词嵌入矩阵相乘会得到词嵌入向量，这种向量可以保证近义词有比较大的相关性，非近义词之间有比较大的独立性。

假设常用词表有 300000 个词，我们使用大量分词后的文本进行语言模型的训练，使用 one-hot 编码后，每一个词都会被认为是一个长度为 300000 的向量，规定词嵌入的矩阵的输出维度选取为 200，那么词嵌入矩阵就是一个 300000×200 的矩阵。这样一个 300000 长度的向量乘以这个矩阵之后就会得到一个 200 长度的向量，在一定程度上减少了神经网络的参数数量。像前文提到的两个词语“头疼”和“头痛”，one-hot 编码余弦相似度为 0，也就是说，这两个词完全不相关。而经过词嵌入改进之后的 200 长度的向量的余弦相似度是比较大的，能够比较好地表达这两个词的相关性。

目前，主流的预训练语言模型包括两类：自回归（Auto-Regressive，AR）与自编码（Auto-Encoding，AE）。这两者最重要的区别是模型是否可以看到上下文。自回归语言模型是较早出现的预训练语言模型，这种语言模型的目的是根据上文信息预测下一个可能出现的单词，就是我们常说的自左向右的语言模型任务，或者根据这个单词的下文预测这个单词。自回归语言模型的缺点是不能同时利用上文信息和下文信息。但是由于是单向语言模型，所以在某些自然语言处理的下游任务中自回归语言模型就显得非常有优势，例如，文本生成。在生成文本时，已知的是前面已经生成的文字，但是由于后面的文字还没有生成，所以在这种情况下，我们只能利用上文信息。除此之外，在文本摘要、机器翻译等任务中，生成文字的时候都是从左至右单向的，但是自编码语言模型并非单向，这导致自编码在这类任务上表现不佳。自编码语言模型的优缺点正好和自回归模型的优缺点相反。自编码语言模型是双向的，因此它能够综合上下文信息。自编码模型在序列标注问题上，例如，命名实体识别、词性标注等领域具有比较明显的优势。

在众多自编码预训练语言模型中，最引人注目的应该是由谷歌公司提出来自 BERT 模型。BERT 模型在机器阅读理解顶级水平测试 SQuAD1.1 中取得惊人的成绩：在两个衡量指标上超越了人类，在 11 种不同自然语言处理测试中创出最佳成绩，而且在其中几项自然语言处理测试中绝对改进达到 5% 以上。一些业内人士甚至认为 BERT 模型开启了自然语言处理新时代。

而在自回归语言模型中，OpenAI 公司发布的大规模无监督自然语言处理模型——GPT（Generative Pre-Training）系列模型也有着举足轻重的地位。目前，GPT 系列模型一共发布了 3 个版本，在 GPT-3 达到巅峰，GPT-3 拥有 1750 亿个参数，比其前身多了 100 倍，比之前最大的同类 NLP 模型要多 10 倍。OpenAI 公司公布的 GPT-3 语言模型使用了约 45TB 的语料进行模型训练，经过中文诗句语料进行训练之后还可以写五言绝句。下面这首诗就是研究人员使用 GPT 中文预训练模型，再经过微调后生成的。

《桥上的秋菊》

黄花淡淡复丛丛，

冷艳霜痕两不同。

金蕊斑斓宜向日，

素衣零落御秋风。

预训练机制在图像和文字领域都已经取得了长足进步，但是在语音方面的进展比较缓慢。其中有多个方面的原因：一是语音没有大量的公开数据集；二是和预训练语言模型不同，语音方向上还没有找到非常合适的无监督学习方法，更多的还是需要大量的标注数据进行模型训练。虽然有研究人员使用大量标注数据进行预训练模型的训练，但是从数据量上来说还是无法和无监督方法相比。而且只有比较少的研究人员在语音上使用端到端模型进行研究，这也导致了在语音方向尚未出现一种在各个方面都有绝对优势的模型。不过既然预训练机制在图像方面和语言方面都已经被证明是非常有效的手段，相信在未来，预训练机制也能够在语音领域取得成功。

2.2.3　模型压缩和轻量化部署

深度学习作为机器学习的一个热门研究领域，从最初的手写数字识别到目前的图像分割、声纹识别、智能对话，都取得了传统机器学习方法无法企及的成绩。深度学习的成功一方面得益于更复杂、更多参数的模型，另一方面受益于学术界、工业界贡献的大规模标注数据。从直观来看，庞大的模型提升了深度学习的非线性拟合能力，大规模的标注数据增强了模型的泛化能力。

然而随着人工智能技术的推广，模型的快速训练以及线上的实时推理能力成为算法落地不可避免的一道坎，而且越来越多的公司希望将自己的算法能力引入移动设备中，但目前性能优秀的神经网络模型普遍需要巨大的存储空间和庞大的计算资源，因此模型压缩与轻量化部署成为深度学习的一大热门研究方向。模型压缩与轻量化部署的目标是在保证预测效果的前提下，尽可能地降低模型的大小，压缩后的模型具有更小的结构和更少的参数，可以降低计算和存储开销，因而可以被部署在受限的硬件环境中。常见的模型压缩方法有模型剪枝、模型量化和模型蒸馏等。

1. 剪枝：修剪神经网络的剪刀

模型剪枝也称为模型裁剪，主要是在现有模型上做减法，由大变小。其主要思想是在保证现有模型准确率基本不变的前提下，利用某种过滤机制，去除网络中重要性相对较低的参数，从而达到降低计算资源消耗和提高计算实时性的效果。模型剪枝算法的核心就在于权重过滤机制的设计和权重过滤粒度的选择。模型剪枝效果如图 2-41 所示。

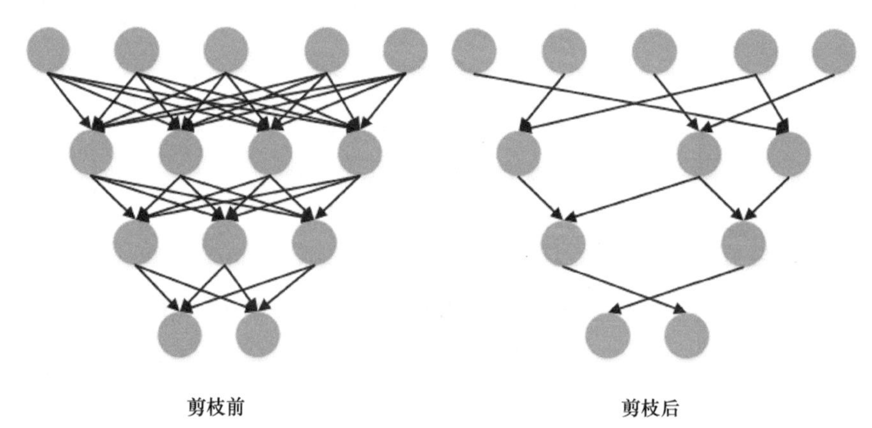

图 2-41　模型剪枝效果

目前，典型的模型剪枝算法一般有 3 个环节：预训练、权重剪枝和参数微调。其中，权重剪枝这一步最为重要。

（1）预训练

在剪枝前，神经网络的训练方式与普遍神经网络一致。在这一环节中，需要对网络中的参数进行充分训练。未经充分训练的网络参数往往不能代表参数的稳定状态，如果网络状态不稳定，剪枝就会使效果变糟。

（2）权重剪枝

权重剪枝是神经网络模型剪枝的核心，需要根据网络裁剪粒度的不同

采用相适应的剪枝算法和策略。一种简单高效的方法是人工预设一个阈值，将绝对值低于这个阈值的参数从神经网络中移除。

（3）参数微调

参数微调是指继续训练裁剪后的神经网络模型，能够避免剪枝后的网络在性能上出现较大幅度的下降。参数微调相比于重新训练，能够在预训练参数的基础上更快地训练网络至收敛。

根据神经网络裁剪的细致程度，神经网络剪枝算法可以细分为非结构化剪枝和结构化剪枝。非结构化剪枝因其裁剪的粒度较细，故需要特定算法库压缩存储新的网络结构，造成的网络精度损失较小。而结构化剪枝可以直接在深度学习框架中执行，不受特定算法库的限制，网络裁剪的粒度较大，带来的网络精度损失也较大。

非结构化剪枝是指算法可以裁剪网络中任何位置的参数，不限制剪枝的形式，网络裁剪的稀疏效果明显。而这种裁剪方式会造成裁剪之后的网络结构极其不规则，通常需要设计相应的硬件与软件系统加速网络的前向推理。非结构化剪枝也可以通过对部分参数附加掩码状态值（Mask），间接形成参数的非结构化剪枝。在非结构化剪枝算法中，一个简单策略是删除那些对最终预测结果贡献度最小的参数。比较知名的是 Lecun 提出的最优脑损伤（Optimal Brain Damage，OBD）方法。该方法抛弃了权重大小等于贡献度的理念，提出了一个理论修正的贡献度测量方法，并且通过使用目标函数对参数求二阶导数表示参数的贡献度。

结构化剪枝是指整体裁剪网络中的一部分计算单元。这种方法非常高效，并且不需要其他硬件或软件平台的支持。比较常见的有层级别剪枝和通道级别剪枝。层级别的剪枝粒度最粗，在非常深的神经网络中，层级别的剪枝具有不错的综合效果。相比之下，通道级别的剪枝在灵活性和可实现性上更具优势，它可以用来裁剪网络中常见的卷积层、全连接层。通道级别剪枝的一种简单方法是采用卷积核的权重和作为裁剪单元重要性的度量，去除一些权重和最低的卷积核对应的通道，而如何确定合适的参数裁剪数量与比例是通道级别剪枝常常需要考虑的问题。

2. 量化：计算精度的让步

模型量化是将浮点型运算存储转换为整型运算存储的一种模型压缩技术，量化技术根据量化原理和量化位宽的不同可以分为许多种。由于在实际应用中开发者更关注模型体积的减小和加速效果，因此本小节会根据位宽的不同来分别介绍具有代表性的模型量化技术，常见的量化位宽有 1bit、8bit，以及任意 bit 量化。

1bit 量化也称二值量化，该方法将 32bit 的浮点型参数转化成 0/1 或者 1/–1 的二值形式，可以再结合 ARM、FPGA 等设备进一步提升网络计算速度。二值量化模型最具代表性的有 BinaryConnect 和二值神经网络（Binarized Neural Network，BNN）两种网络。BinaryConnect 概念于 2016 年被 Matthieu Courbarianx（马修·库巴里）在 *Binary Connect：Training Deep Neural Networks with binary weights during propagations* 论文中提出，文章中提出两种将权重二值化为 –1 和 1 的方法，将网络中的计算从乘法变为加法。

第一种是确定性量化，使用 sign 符号函数转换原始的权重参数，sign 符号函数如式（2–9）所示。

$$f(x)=\begin{cases}-1, & x>0\\ 1, & x\geqslant 0\end{cases} \qquad \text{式（2–9）}$$

另一种是随机性量化，将参数按照一定的概率随机赋值，与 Dropout、DropConnect 技术类似。而 BNN 是在 BinaryConnect 上的改进，它对权重

和激活值都进行了二值化，对激活后的值采用随机量化，而其余的参数采用符号函数量化。

8bit 量化是当前工业界主流的量化方法，Tensorflow、TensorRT、Pytorch 等框架开放了 8bit 量化接口，并且各框架还提供了非对称量化和对称量化方案的选择。以 TensorFlow 提供的量化感知训练（Quantization-aware training）实现为例，其量化感知训练是一种伪量化的过程，它在可识别的某些操作内嵌入伪量化节点（Fake Quantization Nodes），用以统计训练时流经该节点数据的最大值和最小值，便于量化时减少精度损失。

除了 1bit 和 8bit 两类最常见的量化方法，任意 bit 的量化研究也很广泛，例如，3bit、4bit、6bit 等，以韩松等人提出的 Deep Compression 为例，Deep Compression 综合应用了剪枝、量化、编码 3 个步骤来进行模型压缩，在不影响精度的情况下，成功地将 500MB 存储大小的 VGG 模型压缩至 11MB，使深度学习模型部署到移动设备上成为可能。

模型量化发展至今，在模型算法落地时仍存在很大的问题。核心问题是精度的问题，比特数越小，精度的损失越大，可用性越差。另外，软硬件的支持也不是很好，不同的硬件库、软件库在量化实现上存在差异。展望未来，模型量化仍有很大的研究空间和很多的突破方向。

3. 蒸馏：借助外力的“瘦身”

相比于模型裁剪的目标是将大模型逐渐变小，同时保持精度损失较小，模型蒸馏的目标是利用大模型提供的监督特征帮助计算量较小的模型达到近似于大模型的精度，从而实现模型加速。与前文中其他两种强大的压缩方法（模型剪枝和模型量化）不同，知识蒸馏不直接对网络进行缩减。相反，它使用最初的模型来训练一个更小的模型，这个更小的模型称为“学生模型”。模型蒸馏流程如图 2-42 所示。由于“教师模型”

甚至可以对未标记的数据提供预测，因此“学生模型”可以学习如何像“教师模型”那样进行泛化。

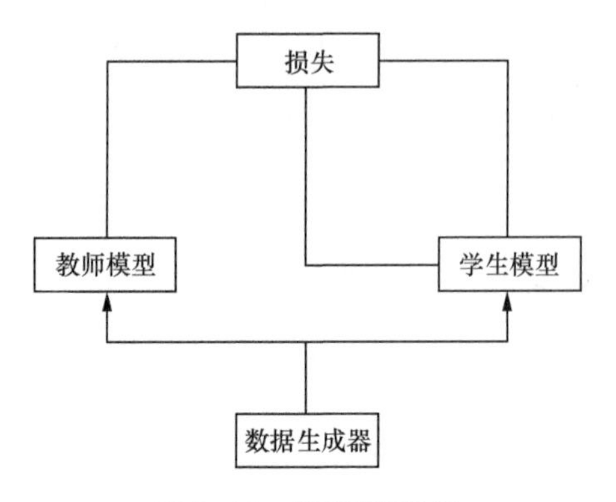

图 2-42　模型蒸馏流程

模型蒸馏的大致过程如下。

首先，通过数据生成器产生训练需要的迁移数据，将同样的数据分别送入“教师模型”和“学生模型”中。

其次，比较“教师模型”与“学生模型”对同一批数据预测的输出值之间的差异。

最后，通过梯度下降等方法更新“学生模型”的权重，使“学生模型”的识别效果能向“教师模型”靠近。

最广为人知的模型蒸馏应用就是对 BERT 模型做压缩。自 BERT 模型被提出之后，各研究单位都对其做了多方面的改进，例如，加入更多的训练数据，使用更复杂的训练技巧，参数量也达到了惊人的规模。这些虽然提高了模型的识别效果，但训练成本极其昂贵，庞大的参数量也让 BERT 系列的预训练模型在实时推理时需要过大的空间，运算速度也会变慢。这类模型在线下调试运行尚好，如果我们想将它放在线上作为产品，那么就需要对 BERT 模型“减肥瘦身”，让它体量变小，速度更快。目前有一个比较好的实现思路是对 BERT 模型蒸馏的 DistilBERT。该方法将 BERT-base 模

型从 12 层蒸馏到 6 层，在保留原模型 97% 的性能的前提下，模型大小下降了 40%，并且前向推理运算速度快了 60%。

无论采用什么方法，模型压缩的出发点都是减少模型参数，减少不必要的计算消耗，本章主要总结了模型剪枝、模型量化以及模型蒸馏 3 个方向的压缩方法，以上介绍，希望读者能够对模型压缩有一个较为简单的了解。

第3章
智能语音产业发展

3.1 产业环境

3.1.1 产业发展历程

智能语音技术在人工智能技术中发展较早，起源于20世纪80年代，其发展历程可以分为4个阶段。

1. 20世纪70年代前：萌芽阶段

1952年，贝尔实验室制造出大约为15.24cm高的自动数字识别机“Audrey”，它可以识别数字0～9的发音，且准确度高达90%以上，意味着世界上第一个语音识别系统的诞生。此后，麻省理工学院（Massachusetts Institute of Technology，MIT）、京都大学、国际商业机器（International Business Machines，IBM）公司均开始研究语音识别技术，推出针对语音识别的硬件和系统，但语音识别系统局限在数字识别及元音识别。

2. 20世纪70年代—20世纪80年代：技术突破

1971年，美国国防高级研究计划局（Defense Advanced Research Projects Agency，DARPA）赞助的为期五年的语音理解研究项目“Harpy”在卡内基梅隆大学诞生，它能实现整句话识别。此后二阶动态规划算法、分层构造算法逐步被提出，统计模型方法逐步取代模板匹配方法，隐马尔科夫模型成为语音识别系统的基础模型，连续语音识别技术不断突破。1984年，IBM公司发布的语音识别系统在5000个词汇量级上达到95%的识别率。1988年，卡内基梅隆大学结合矢量量化技术，开发出世界上第一个非特定人大词汇量连续语音识别系统“SPHINX”，能够识别包括997个词汇

的 4200 个连续语句。

3. 1990—2010 年：产业落地

1990 年，声龙公司发布了第一款消费级语音识别产品“Dragon Dictate”，价格高达 9000 美元；1997 年，IBM 公司首个语音听写产品问世；2002 年，美国率先启动“全球自主语言开发”项目；同年，中国科学院自动化研究所及其所属模式科技公司推出了“天语”中文语音系列产品——Pattek ASR，结束了该领域一直被国外公司垄断的局面；2009 年，微软 Windows7 系统集成语音功能；2010 年，Google Voice Action 支持语音操作与搜索。

国内外公司基于成熟的智能语音技术，开始探索其在产业界的应用。彼时关于智能语音产品的落地研究仍处于探索阶段，应用的行业和场景也很局限，关注智能语音技术的公司多为科技创新公司，传统行业还未意识到智能语音技术的重要性。

4. 2010 年至今：快速应用

2011 年 10 月，苹果 iPhone 4S 发布，个人手机助理 Siri 诞生，掀开人机交互新篇章，语音交互逐渐走入普通人的视野。2014 年，思必驰公司推出首个可实时转录的语音输入板；同年 11 月，亚马逊智能音箱 Echo 发布。智能语音技术不断与行业应用深度结合，融入人们的日常生活和办公当中，成为不可或缺的人类“伴侣”。

3.1.2 重点政策解析

新兴行业的发展是“政、产、学、研”综合作用的结果，智能语音作为人工智能（Artificial Intelligence，AI）领域的一个主要技术赛道，它的发展也离不开国家政策的支持。自 2015 年开始，我国相继出台了相关政策支持人工智能产业的发展，其中对于智能化技术的应用和产业融合发展提出了多项指导性建议。按照相关政策的发布时间顺序，详细信息如下。

- 2015 年 7 月，《国务院关于积极推进“互联网 +”行动的指导意见》出台。

- 2015 年 11 月，《工业和信息化部贯彻落实〈国务院关于积极推进“互联网 +”行动的指导意见〉的行动计划（2015—2018 年）》印发，首次将人工智能纳入重点任务之一，提出培育发展人工智能新兴产业，推进智能语音处理、自然语言处理（Natural Language Processing，NLP）以及新型人机交互等关键技术的研发和产业化。

- 2016 年 7 月，国务院印发《“十三五”国家科技创新规划》，提到人工智能方向，重点发展大数据驱动的类人工智能技术方法，在基于大数据分析的类人工智能方向取得重要突破，实现类人视觉、类人听觉、类人语言处理和类人思维，支撑智能产业的发展。

- 2017 年 7 月，国务院印发《新一代人工智能发展规划》，确立了新一代人工智能发展“三步走”战略目标，将人工智能上升到国家战略层面，明确到 2030 年我国人工智能理论、技术与应用总体达到世界领先水平，成为世界主要人工智能创新中心。

- 2017 年 12 月，工业和信息化部发布《促进新一代人工智能产业发展三年行动计划（2018—2020 年）》，从培育智能产品、突破核心技术、深化发展智能制造、构建支撑体系和保障措施等方面详细规划了人工智能在未来三年的重点发展方向和目标。其中，在主要任务中，提到将智能语音交互系统作为重点培育的智能化产品之一。

- 2018 年 4 月，教育部印发《高等学校人工智能创新行动计划》，提到人工智能具有技术属性和社会属性高度融合的特点，在大数据驱动的视

觉分析、自然语言理解和自动语音识别（Automatic Speech Recognition，ASR）等人工智能能力迅速提高的背景下，需要进一步提升高校人工智能领域科技创新、人才培养和服务国家需求的能力。在推动高校人工智能领域科技成果转化与示范应用中，在智能司法应用示范方面明确指出充分应用文本分析、语音识别、机器学习、知识图谱等技术，研发自动文书生成、自动法律问答、智能庭审等智能辅助工具，提高办案人员的工作效率，提高案件审理的规范性和准确性。

- 2019 年 3 月 5 日，李克强总理代表国务院在十三届全国人大二次会议上作《政府工作报告》，人工智能连续三年出现在《政府工作报告》中，而且相比 2017 年《政府工作报告》的“加快人工智能等技术研发和转化”和 2018 年《政府工作报告》的“加强新一代人工智能研发应用”，2019 年《政府工作报告》中使用的是“深化大数据、人工智能等研发应用”。
- 2020 年 2 月，工业和信息化部科技司发布《充分发挥人工智能赋能效用 协力抗击新型冠状病毒感染的肺炎疫情 倡议书》，提到利用人工智能技术补齐疫情管控技术短板，快速推动产业生产与应用服务，开放远程办公、视频会议服务和 AI 教育资源，助力办公远程化、教育在线化和生产智能化。
- 2020 年 6 月，工业和信息化部科技司公布《在科技支撑抗击新冠肺炎疫情中表现突出的人工智能企业名单》，其中重点提到相关企业的疫情防控机器人、疫情防控外呼机器人等智能技术在防疫抗疫中发挥了积极的作用，取得了良好的社会效果。
- 2021 年 3 月，《中华人民共和国国民经济和社会发展第十四个五年规划和 2035 年远景目标纲要》正式公布。全文共十九篇六十五章，“智能”“智慧”相关表述达到 57 处，这表明在当前我国经济从高速增长向高质量发展的重要阶段，以人工智能为代表的新一代信息技术，将成为我国“十四五”期间推动经济高质量发展、建设创新型国家，实现新型工业化、信息化、城镇化和农业现代化的重要技术保障和核心驱动力之一。在加强原创性、引领性科技攻关部分也明确提到新一代人工智能中语音视频、自然语言识别技术是基础理论突破和创新领域。

● 2021 年 9 月，国务院办公厅印发《全国一体化政务服务平台移动端建设指南》(以下简称《建设指南》)。《建设指南》要求加快推进全国一体化政务服务平台建设的决策部署。《建设指南》针对政务服务平台移动端建设管理分散、标准规范不统一、数据共享不充分、技术支撑和安全保障体系不完备等突出问题，提出加强政务服务平台移动端标准化、规范化建设和互联互通。其中，《建设指南》特别指出，依托国家政务服务平台统一身份认证系统，建立健全全国统一身份认证体系，为用户提供二维码、手势识别、指纹识别、声纹识别等安全便捷的身份认证服务方式。由此可见，声纹识别作为个人身份认证方式之一，从技术能力和产品应用上已经成熟。

我国人工智能政策的发展历程可根据重要政策发布时间划分为以下 5 个阶段。

(1) 2013 年以前：潜在发展期

人工智能概念刚开始出现尚未引起我国的强烈关注，我国政府尚未出台专门的政策。

(2) 2013—2015 年：初步发展期

我国政府初步认识到人工智能技术的作用，开始筹备出台人工智能相关政策，将人工智能纳入重点任务之一，培育发展人工智能新兴技术和产业。

(3) 2015—2016 年：飞速发展期

我国政府将人工智能上升为国家发展战略，相关主管部门大量出台相

关政策文件，指导人工智能技术应用的具体实施，鼓励技术赋能和产业发展。

（4）2016—2017 年：稳定发展期

我国政府对人工智能技术的研发和产业发展认识逐步成熟，对技术的发展具有更深刻和宏观的认识，相关政策出台的步伐相对稳定。

（5）2017 年至今：针对性发展期

我国政府出台的人工智能政策更具针对性，重视人工智能技术与社会经济产业的结合价值，强调技术的落地效应。

根据人工智能政策的侧重点，人工智能政策主题分析如图 3–1 所示。

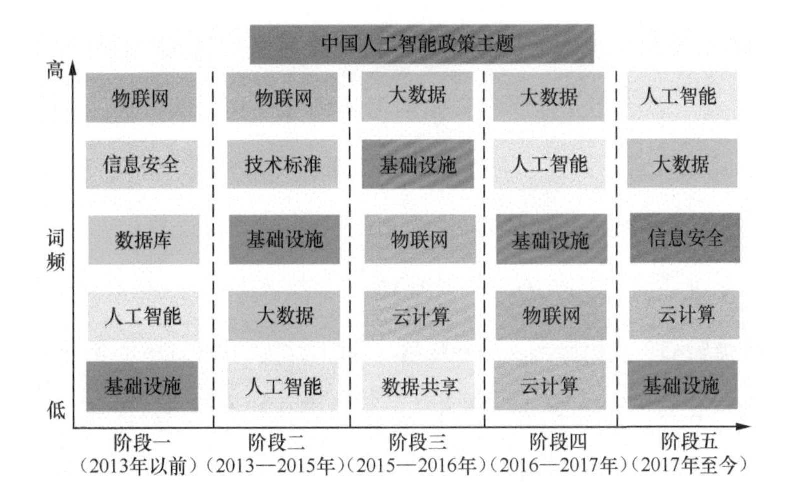

资料来源：头豹研究院《2019 年中国人工智能行业政策解读概览》

图 3–1　人工智能政策主题分析

目前处于智能语音快速应用时期，我国发布一系列相关政策促进产业发展，智能语音政策体现在人工智能相关政策中。《中华人民共和国国民经济和社会发展第十四个五年规划和 2035 年远景目标纲要》《新一代人工智能发展规划》和《促进新一代人工智能产业发展三年行动计划（2018—2020 年）》等人工智能政策的出台，意味着人工智能热潮兴起，将推动人工智能技术与产业稳步发展。

3.1.3 发展规划布局

在《中华人民共和国国民经济和社会发展第十四个五年规划和2035年远景目标纲要》(简称《纲要》)中，围绕经济社会发展总目标，人工智能主要从以下3个方面进行布局，智能语音技术作为人工智能技术的重要组成部分，与人工智能布局保持同步。

1. 突破核心技术

智能语音等人工智能相关技术逐步成为“事关国家安全和发展全局的基础核心领域”。为进一步推动解决我国智能语音核心技术中的不足和补齐短板，《纲要》提出“十四五”期间将通过一批具有前瞻性、战略性的国家重大科技项目，带动产业界逐步突破前沿基础理论和算法，构建深度学习框架等开源算法平台，并在学习推理决策、语音视频领域创新与迭代应用。

2. 打造数字经济新优势

发展智能语音应以产业的融合应用与产业数字化转型为核心目标，进而逐渐形成数据驱动、人机协同、跨界融合、共创分享的智能经济形态。《纲要》提出要以数字化转型整体驱动生产方式、生活方式和治理方式变革，充分发挥我国数据、应用场景的优势，实施“上云用数赋智”行动，促进数字技术与实体经济深度融合。通过建设重点行业智能语音数据集，发展算法推理训练场景，推进智能识别系统等智能产品制造，推动通用化和行业性人工智能开发平台建设，在智能交通、智慧能源、智能制造、智慧农业及水利、智慧教育、智慧医疗、智慧文旅、智慧社区、智慧家居、智慧政务等领域形成一系列数字化、智能化应用场景。

3. 营造良好的数字生态

针对当前学术界和产业界关心的伦理与法律风险、AI技术滥用、算法

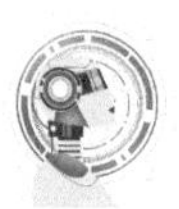

杀熟等威胁社会健康发展的问题，《纲要》提出要构建与数字经济发展相适应的政策法规体系。另外，《纲要》中的一系列优化产业政策环境的措施，也将给智能语音提供肥沃的发展土壤，例如，“在数字经济等领域制定实施一批国家级重点专项规划”为人工智能发展提供战略导向，“支持民营企业开展基础研究和科技创新、参与关键核心技术研发和国家重大科技项目攻关”将更加激发民营智能语音科技企业的创新活力。

3.1.4　创新合作模式

智能语音从诞生至今，经历了知识驱动的 1.0 时代、数据驱动的 2.0 时代，即将迎来两者相结合，利用知识、数据、算法和算力 4 个要素的 AI 3.0 时代。但当前智能语音技术仍然处于上升阶段，远没有达到成熟期。为此，智能语音需要融合“产、学、研、用”，通过在实践中学习实现不同领域内知识的互动和共同演进。作为新兴行业之一，智能语音行业的发展也需要遵循“三螺旋”理论，强调知识经济时代政府、产业和大学之间的新型互动关系，即政府、产业与大学是知识经济时代社会内部创新制度环境的三大要素，它们根据市场要求连接起来，形成了 3 种力量交叉影响的三螺旋关系，这就是所谓的“三螺旋”理论。该理论不刻意强调谁是主体，而是强调政府、产业和大学的合作关系，强调群体共同利益所创造的社会价值，政府、产业和大学三方都可以成为动态体系中的领导者、组织者和参与者，每个机构范围在运行过程中除保持自身的特有作用外，部分机构范围可以起到其他机构范围的作用，三者相互作用、互惠互利，彼此重叠。

具体到智能语音领域，政府政策文件为智能语音产业的发展提供宏观指引，而大学则提供基本的算法技术，为行业的发展贡献前沿的科学知识，企业则主要将这些前沿的科学知识落地为具体的产品和应用。目前，智能语音领域已经形成了“产、学、研”三方之间的开放式创新模式，大学在国际顶级会议上发表文章，公布最新的算法模型，并将这些算法技术开源，企业在开源技术的基础上进一步研发，对算法进行工程优化。当前，智能语音的发展进入了“产、学、研”的混合态发展，企业开始建立内部基础研发部门，支撑底层算法。而大学也倡导科技成果转化，鼓励拥有先进技术的专家将个人成果转化，逐步缩小“产、学、研”之间的差距，为采用智能语音技术的企业跨越“市场鸿沟”提供支撑。

3.2 市场及生态

3.2.1 行业市场价值逐渐释放

人工智能产业持续火热，大量资本进入该领域，产业规模平稳增长，全球人工智能投融资数量相对较少，但是投融资金额创历史新高。中国信息通信研究院《全球人工智能战略与政策观察（2020）》显示，2021 年上半年，全球 AI 领域融资金额为 431 亿美元，同比增长 59%，融资笔数为 969 笔，同比下降 5.8%；中国 AI 领域融资金额为 125 亿美元，同比增长 43.5%，融资笔数为 258 笔，同比增加 16.2%。2018—2020 年中国人工智能投融资规模如图 3-2 所示。

近十年全球人工智能专利申请量快速增长，2010 年到 2021 年 2 月，全球累计 AI 专利申请量达 58.2 万件，AI 专利授权量达 17.8 万件。其中，我国累计 AI 专利申请量达 35.4 万件，AI 专利授权量达 7.6 万件，AI 专利申请量、授权量都位居世界第一。2010—2020 年全球和中国 AI 专利申请量如图 3-3 所示，2010—2020 年全球和中国 AI 专利授权量如图 3-4 所示。智能语音作为人工智能主要技术之一，语音算法、装置、系统和软件等技术专利是中国人工智能专

利的重要组成部分。

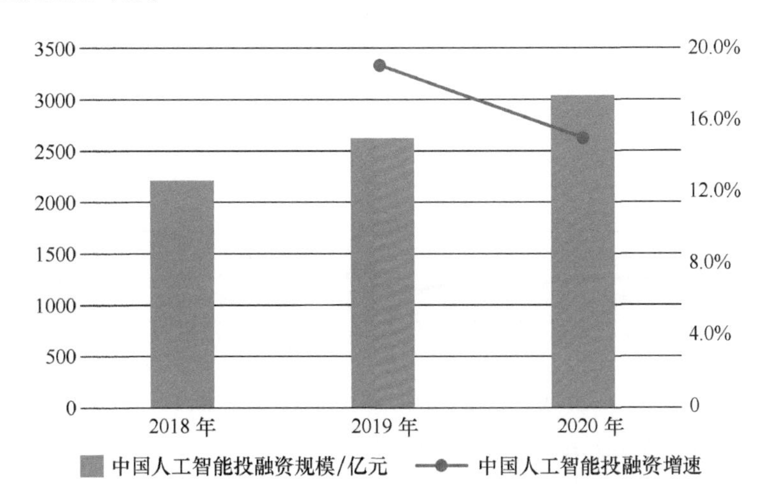

图 3-2　2018—2020 年中国人工智能投融资规模

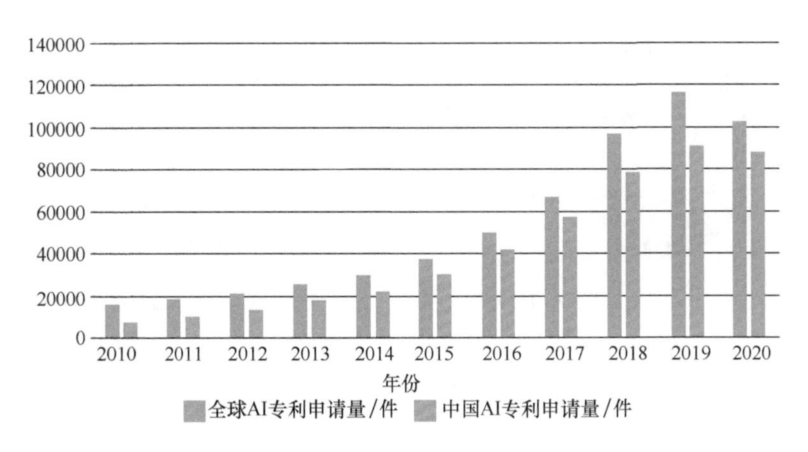

资料来源：中国信息通信研究院 知识产权中心

图 3-3　2010—2020 年全球和中国 AI 专利申请量

随着人工智能的发展以及社会信息化、网络化、智能化的发展趋势，人们对信息获取和信息沟通方式提出了越来越高的要求。信息获取和信息表达方式越来越接近人的本能，人类获取的信息有 20% 来自听觉，93% 的人类信息表达借助语言和声音，语音是人类沟通和获取信息最自然、最便捷的方式。人类信息获取和表达途径如图 3-5 所示。智能语音交互也成为继

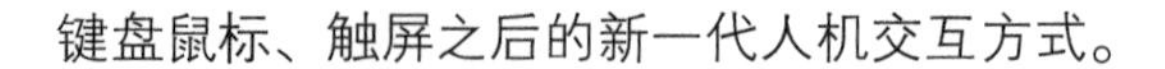

键盘鼠标、触屏之后的新一代人机交互方式。

资料来源：中国信息通信研究院 知识产权中心

图 3-4　2010—2020 年全球和中国 AI 专利授权量

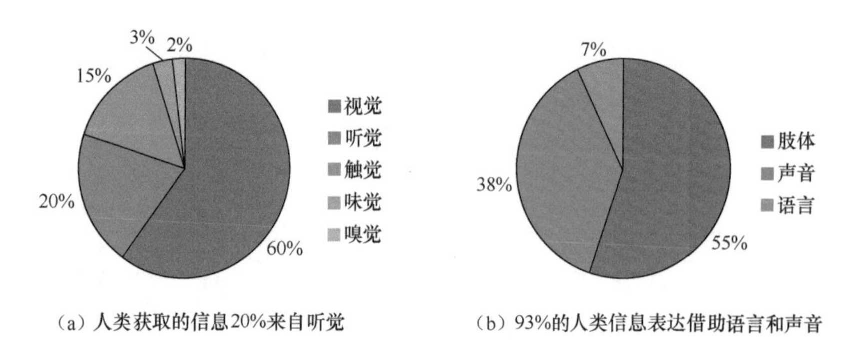

（a）人类获取的信息20%来自听觉　（b）93%的人类信息表达借助语言和声音

图 3-5　人类信息获取和表达途径

智能语音产业的发展随着人机交互升级而形成行业价值链的扩张，从语音识别、语音合成等单点技术发展为智能家居、智能车载语音交互等场景式应用技术。其中，涉及智能语音技术研发和产业应用的企业包括传统的智能语音企业、互联网企业、设备商、行业集成商等。这些企业都很重视研发的连续性投入，支持算法软件能力建设，将基础开发模块标准化，同时兼顾商务团队配置、交付运营服务持续化。

在全球智能语音研究前沿的企业中，国外以亚马逊、微软、谷歌、苹果为代表，国内的百度、阿里、腾讯、京东等互联网公司在智能语音研究

领域依然强劲，科大讯飞、思必驰、云之声、出门问问等企业在该领域也发展迅猛。据中商产业研究院《2020 年中国智能语音行业市场规模及竞争格局分析》，预计到 2022 年，中国智能语音解决方案形式业务规模将达到 106 亿元，技术平台输出形式业务规模将达到 40.5 亿元。

2018—2022 年中国智能语音市场规模统计及预测如图 3-6 所示。

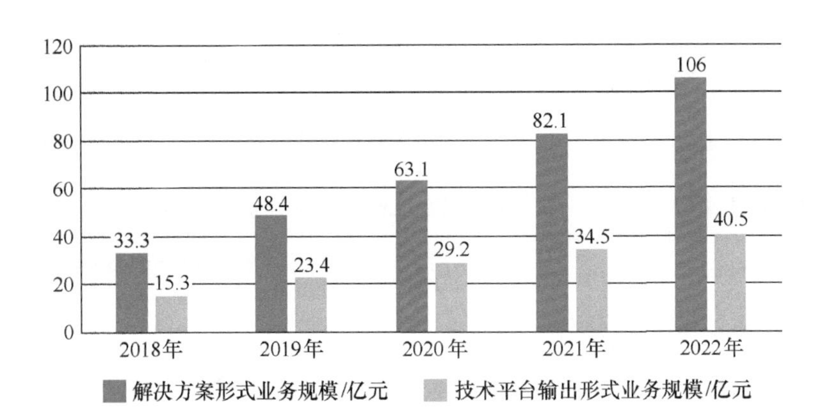

资料来源：iResearch Inc，中商产业研究院

图 3-6 2018—2022 年中国智能语音市场规模统计及预测

人类对语音识别的探索始于 20 世纪 50 年代，迄今已逾 70 多年。2016 年，在深度神经网络的帮助下，语音识别准确率第一次达到人类水平，这意味着智能语音技术的落地期到来。人们面对 AI 时，希望得到自然的交互体验，这是一个宏伟的开放性课题，背后涉及的学科与技术仍具有较大的潜力，智能语音的未来将是一片蓝海。

3.2.2 生态格局呈现多元化

1. 商业模式

商业模式描述了企业能为消费者提供的价值以及企业的内部结构、合作伙伴网络和关系资本等用以实现（创造、推销和交付）这一价值并产生可持续盈利收入的要素。作为一项新兴技术，智能语音的应用场景往往嵌入在商业端消费者的产品中，例如，嵌入在音箱、智能客服机器人等硬件设备中，智能语音技术很难作为一个独立的产品存在，这导致智能语音行业的商业模式基本上以企业级为主，并通过企业级连接消费者。

互联网企业通过个人用户服务和应用积累了大量的用户资源和数据，企业在战略布局上通常会选择有大量用户基础的市场方向。国内互联网企业对于智能语音市场的生态布局，主要集中在以智能语音交互为代表的通用型消费者产品，例如，语音开放平台、对话式服务平台等生态平台，智能音箱、智能翻译笔等智能终端，以及在车载、家居场景等提供智能语音服务。在战略层面，以智能语音助手为代表的产品有较强的与用户交互的属性，较大的用户数据积累和市场空间。

在互联网产业蓬勃发展的态势下，传统智能语音企业应该从解决产业痛点方面创新，深入了解业务流程和需求，利用高度定制化技术攻关该领域，同时，脱离互联网的泛生态，就智能语音的产业链，将芯片、终端设备、传感器、算法、场景合作伙伴之间有效连通，实现上下游优势资源整合，实现对市场需求快速响应的目标。

国内企业智能语音产品和生态构成如图 3-7 所示。

	领域	百度	阿里巴巴	腾讯
语音生态系统	开放平台	百度 AI 开放平台	阿里云	腾讯 AI 开放平台
	系统	DuerOS 对话式人工智能操作系统	AliGenie 人机交互系统	小微智能服务系统
行业解决方案	智能机器人	小度机器人	智能外呼机器人	小 Q 机器人
	智能音箱	小度智能音箱	天猫精灵	腾讯听听 AI 音箱
	智能车载	小度车载系统	AliOS 操作系统	AI in car 解决方案
	智能可穿戴设备	百度 DuWear 智能手表系统、小度主动降噪智能耳机	Yun OS for Wear 系统、Pay Watch 智能手表	PaceOS 操作系统

图 3-7 国内企业智能语音产品和生态构成

2. 产品结构

经过多年的发展，智能语音通过与软件应用、硬件终端和场景行业的深入融合，围绕核心技术研发与应用服务协同发展，形成了“智能语音 +”多模态的产品结构，其评价标准也更贴近实际的应用需求。智能语音产品的应用与实际场景紧密贴合，在衡量性能时，不仅需要考虑涉及技术指标要求，同时还需要结合场景需求和产品形态，设计符合实际应用的指标内容。

（1）服务平台

国内外科技头部企业均以服务平台的形式提供全栈云端服务，以国内的科技企业为例，百度智能云、腾讯云、阿里云和讯飞开放平台等纷纷发布了相关技术服务。百度智能云提供了语言处理基础 / 应用技术、智能对话定制平台 UNIT 和文本审核等一系列技术服务接口；腾讯云提供了全栈 NLP 基础技术和机器翻译技术服务接口；阿里云提供了智能语音、词法 / 句法 / 语义分析、文本分类、情感分析和商品评价解析等技术服务接口；讯飞开放平台提供了语音合成（Text To Speech，TTS）、语音识别、词法 / 句法 / 语义分析、情感分析和关键词提取等技术服务接口。从国内科技企业提供的技术服务来看，语音识别、语音合成、词法 / 句法 / 语义分析等底层技术相对成熟，上层应用中主要以对话系统（Spoken Dialogue System，SDS）为核心。服务平台通常涵盖基础技术，关乎产品基本性能、功能和服务质量，需要结合场景和行业需求，划定基础指标范围，对指标做出具体的规定。

（2）智能终端

智能终端产品主要聚焦应用交互，终端间互联互通形成端侧设备的服务群，通过智能语音实现与用户自然交互，一方面，智能语音产品通过语音交互命令，实现设备间的任务协同和服务一体化，设备间数据共享、安全认证和实施互联；另一方面，终端产品的语音交互是否自然，以及是否能够准确识别用户意图并准确及时回复，直接关乎用户体验的好坏。

智能服务机器人，以人机交互提供服务。语音交互是机器人最重要的应用之一。目前，机器人分为消费级机器人和商户级机器人。消费级机器人使用语音传递情感和提升交互效率，商户级机器人使用语音传递品牌和提升服务效率。从全球范围来看，日本ASMO Actroid-F仿人机器人、Pepper智能机器人，美国BigDog仿生机器人等一大批智能机器人快速涌现，互联网头部企业也将智能机器人作为人工智能的重要载体，纷纷通过收购机器人企业，推动人工智能发展。例如，谷歌相继收购Schaft、Red wood Robotics等机器人公司，积极在类人型机器人制造、机器人协同等领域布局。随着智能机器人市场规模越来越大，且智能机器人的切入点种类繁多，头部企业和创业公司纷纷从不同的领域、方向和切入点加入智能机器人领域的市场争夺。

（3）智能系统

智能系统以软件服务系统的形式提供技术服务，具有代表性的智能系统包括机器同传系统和智能客服系统等。以智能客服系统为例，随着移动互联网和人工智能技术的发展，传统呼叫中心和客服行业进入了软件即服务（Software-as-a-Service，SaaS）和智能化时代。一方面，全新SaaS模式下的智能客服产业使企业搭建客服中心的成本大幅降低，产品功能更加丰富，应用场景也从服务延伸到销售和营销等环节；另一方面，智能客服通过辅助人工以及回答简单的重复性问题，在很大程度上提高了人工客服的工作效率。智能客服系统框架如图3-8所示。

对话系统作为智能客服系统的技术核心，在理解用户问题和生成答疑等过程中发挥着重要作用。智能客服系统的运转模式如下：不同接入渠道的用

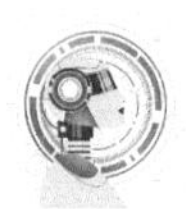

户通过接入模块与后台系统建立连接，通过语音或文本等多种方式输入问题，对话系统接收用户问题并进行分析，匹配或生成答案后反馈给用户。在系统运行过程中，语音识别和语音合成作为系统外围技术，负责将问题输入对话系统并将答案反馈给用户，而对话系统作为系统的中控模块，进行问题分析和答案生成。

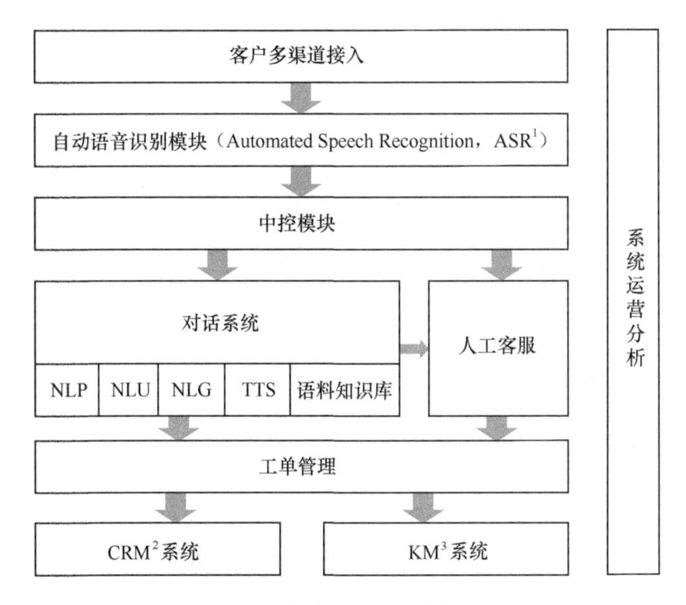

注：1. ASR（Automated Speach Recognition，自动语音识别模块）
2. CRM（Customer Relationship Management，用户关系管理）
3. KM（Knowledge Management，知识管理）

图 3-8　智能客服系统框架

除了对算法模型性能的考量，其系统服务和硬件性能也至关重要。在设计具体指标时，要针对具体的产品形态，结合其服务部署模式、硬件结构，综合考虑系统硬件的稳定性、安全性和可靠性。

3. 产业链条

随着人工智能技术的快速发展和成熟落地，智能语音与智能硬件、互联网配套服务面向消费者。与此同时，针对垂直行业和场景的企业服务，智能语音技术提供方将技术能力转化为开放平台云服务和离线私有化部署两种方式。通过开发者调取相应服务应用程序接口（Application Programming Interface，API）和软件开发工具包（Software Development Kit，SDK）实现平台输出，同时促进企业语音开放生态的搭建和快速发展，按照服务级别和类型，采取不同的收费策略。另外，企业深耕传统行业智能化应用，深入分析场景应用痛点，将智能切入业务链条，提供软硬件一体化解决方案，为行业用户提供定制化服务。

我国智能语音产业链的上游主要为智能语音设备的运行提供算力，参与者分为基础硬件供应商和软件服务商两类：基础硬件供应商主要为智能语音行业的上游企业提供人工智能芯片、传感器等智能硬件；软件服务商主要包括数据服务平台服务商、云计算服务商等参与主体。

产业中游的参与者主要包括智能语音科技企业、互联网企业等，属于产业链的核心环节。这些技术提供商主要将基础技术转换成软件或行业整体解决方案，并提供嵌入式或平台式的语音软件服务。

产业下游是智能语音产品及服务所覆盖的应用领域，包括家居、医疗、教育等场景，参与者主要是指智能移动设备、智能车载系统、智能家居系统等智能终端厂商，以及输入法、娱乐等各类应用程序或软件客户端开发企业。我国智能语音产业链如图 3–9 所示。

从全球领域来看，智能语音作为人工智能发展的重要分支，数据和算力、深度学习算法、面向开发者的开源算法框架、智能语音技术及应用水平得以提升，同时也降低了产业技术应用和算法部署的门槛。基于智能语音产业链，如何从产品市场、研发管理和客户服务 3 个方面形成有效的正反馈，成为企业在智能语音行业立足的重要任务。

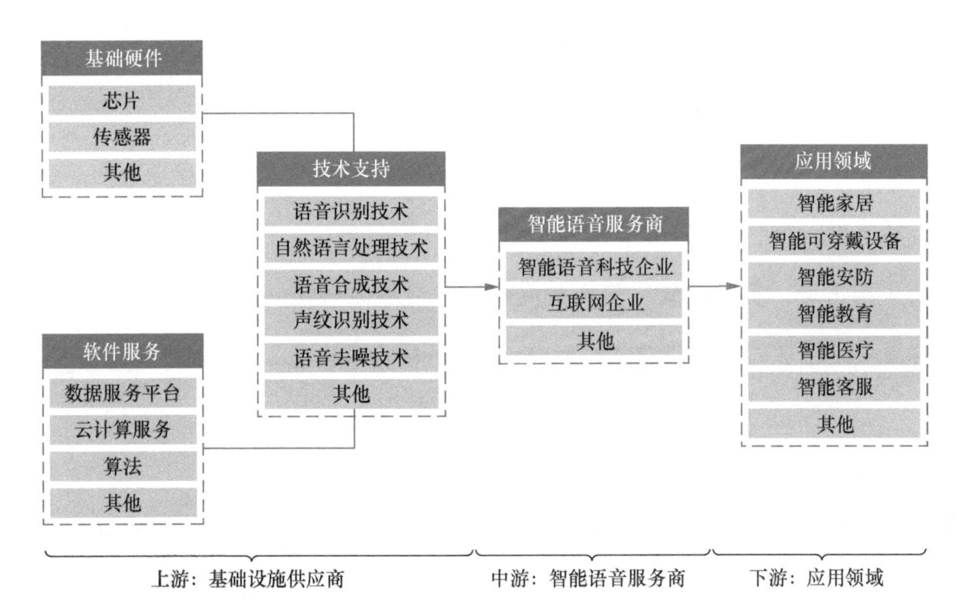

资料来源：沙利文研究院

图 3-9　我国智能语音产业链

从产品市场上看，互联网头部企业倾向于优先打造可以掌控市场生态的产品。例如，智能音箱作为语音助手可以与其他智能家居产品联控，起到控制中心的作用，帮助企业迅速占领智能家居领域的高地。智能音箱可以与电视机、空调、窗帘、灯具、玩具等家用设备一起和智能家居控制中枢系统相连，通过语音交互实现一个入口控制全部功能。在所有的产品中，终端设备是触达最终用户的核心端口，在智能语音特别是消费级人工智能物联网（Artificial Intelligence & Internet of Things，AIoT）领域居于主导地位，然而大部分 AIoT 设备领域的格局比较分散，用户黏性较弱，设备商必须充分重视智能语音与交互技术变革，与技术提供方、内容提供方真诚合作，共同吸引用户，做大设备后服务，以保持自身在市场竞争和产业链条中的优势。

在研发管理方面，智能语音企业在技术研发和工程部署过程中，逐步将开发管理与解决方案模块标准化，降低客户的开发配置门槛，提升服务消费级 AIoT 市场的能力。同时，智能语音企业须关注技术平台架构 / 服务面向企业级、公共级市场的开发优化，配置细分市场商务团队，在企业级、公共级市场占据一席之地。

在客户服务方面，企业级、公共级市场集成商的客户资源壁垒很高。从远期来看，企业需要正视行业价值链扩展的必然趋势，挖掘智能语音带来的新应用市场，实现“软”实力的升级，从注重系统集成、工程建设扩展到注重技术服务与软件研发能力建设，避免低估自身价值、低效消耗客户资源。

4. 生态分布

（1）互联网企业

以百度、阿里、腾讯、京东为代表的互联网企业纷纷进入人工智能的赛道，智能语音作为典型的 AI 感知技术，成为互联网企业 AI 生态布局必不可少的一部分。互联网智能语音企业的发展往往依托于企业已有的业务基础，结合场景需求植入智能语音技术，并逐步积累在该行业中的技术和知识，形成竞争优势。一般而言，头部互联网企业对智能语音技术的探索先是从成熟的语音技术出发，开放语音生态系统，以产业内合作的方式，将智能语音技术植入产品，应用于相关业务场景，构建全产业生态链。

各大互联网企业初期发力语音识别、语音合成、对话理解和对话管理等单点语音技术，从数据和算法上投入大量的研发精力，将研究作为底座，同时结合技术商业模式，对外提供各类 AI 服务。

第一，开放平台。聚焦技术，引入语音和知识建设能力，基于语音识别、语音合成、自然语言理解等技术，为企业和个人开发者提供公开的技术与服务，实现对话能力个性化训练。管控台可以进行项目、场景、功能配置及自学习，并提供 API 和多种 SDK，支持多种接入方式，满足各种应用场景。

第二，终端嵌入。为硬件实现语音人机互动和音视频服务能力，给需要接入语音能力的产品提供设备控制、内容资源和技术服务，例如，音箱、

电视机、玩具、OTT 盒子、投影仪或汽车，包括自有音乐及提供各种有声读物、新闻、笑话、天气等内容与服务，只需要 SDK 即可完成接入。

第三，定制服务。针对具体场景和内容，用户可以定制专属模型，例如，选择指定类型的说话人声音，并将其用于客服、阅读、虚拟人等场景。定制服务不仅解决了内部需求，为地图、零售、车载等提供技术支撑，而且在多种实际应用场景下可以实现智能问答、智能质检、法庭庭审实时记录、实时演讲字幕、访谈录音转写等。

互联网头部企业应以建立人机交互大生态为核心目的，将服务覆盖到全产业、全场景、全网用户，基于数据的流转和计算，提升业务效率和用户体验，例如，通过基础云服务 + 物理连接 + 数据分析实现个性推荐和不同情境下的精准产品后服务。这一策略的成本在于前期投入资源理解场景、打磨适应场景的平台化能力，策略的实施效果取决于内部对于试错的包容性和投入支持的连续性。

（2）传统语音企业

与互联网头部企业不同，传统语音企业的发展远比智能语音行业的兴起要早。这些企业的创始人往往是语音技术的拥有者，他们对语音技术的未来发展趋势有很深的理解，能够预判语音技术的潜在价值。

传统语音企业进入智能语音行业的时间较早，成为这个行业最早的耕耘者，但由于前期主要专注于技术研究，因此对市场和行业环境的理解不够深入。传统语音企业通过不断的探索，逐渐明确技术定位和对应的应用场景，并不断积累和优化技术能力，在教育、医疗等领域释放技术潜能。因此，当智能语音市场真正兴起时，传统语音企业依托技术优势，可以较快地抓住市场机遇，借助行业的浪潮发展壮大。

（3）初创智能语音企业

初创智能语音企业以垂直领域和细分场景为突破口，重点布局家居、车载和可穿戴设备领域。这些企业既有以算法模型见长的“技术派”，也有以场景应用见长的“应用派”，二者从技术到应用形成双向驱动。

初创智能语音企业为智能语音行业的发展注入了新的生命力。当然，新兴行业通常充满了不确定性，尤其是对于智能语音这样一个由新兴技术主导的行业，对外部行业环境的变迁和技术演进能否即时响应决定了企业能否抓住一个有广阔前景的市场机遇，能否借助外部环境的变化使企业做大做强。

3.2.3 企业成长方面的一些思考

1. 初创期

在企业初创期，技术人才是企业的基石，智能语音技术的研发初期具有非常高的技术屏障，需要专家型科研团队开展长期的技术攻关研究。以科大讯飞、云知声、思必驰为例，其创始人均具有深厚的技术背景。

资金的持续稳定投入是企业初期飞速发展的“燃料”。智能语音企业的前期发展需要投入大量的资金研发技术，积累数据。吸引风险投资是获取资本的主要方法。而在一级市场获得投资，除了能缓解资金上的问题，更重要的是一级市场的知名投资者能提高初创企业的管理能力，以及创始人对行业趋势的研判能力，也能为企业语音技术的落地提供渠道资源。

2. 成长期

语音行业是一个技术先导性行业，因此企业在成立之时，所选择的业务领域往往与创始人钻研主攻的技术方向有关。随着企业的发展，用户对语音技术的要求更加多元化，语音技术应用的场景也更加多样化，此时扩展业务领域成为企业扩张规模的最优方法。

在成长期，企业的业务领域逐渐扩展，例如，科大讯飞初创时业务集中在语音合成领域，之后则拓展了语音识别、智能对话等技术方向，目前其业务领

域已涉及智能机器人、智能家居、智能车载、智慧医疗、智慧教育等领域；思必驰的业务领域已涉及智能机器人、智能家居、智能车载、智慧医疗、智慧教育等。企业在成长期多以企业级市场为主，为下游垂直行业厂商提供语音解决方案，融合医疗、教育、交通等具体垂直场景，赋能相关业务处理和产品服务。

3. 成熟期

处于成熟期的企业大多找到了将语音技术变现的商业模式，内生外延，聚焦打造平台级、入口级企业，核心业务为企业贡献稳定的现金流。

成熟期的企业应充分考虑开发者和用户的应用场景和需求，将语音技术作为 API 提供给第三方，同时提供 SDK 离线方式，形成成熟的平台生态。同时，企业的整体业务布局已经基本成型，但在某些细分领域还有待完善，而基于强劲的内生增长能力，企业往往通过并购初创企业来快速完成业务布局和生态构建。

下游垂直行业厂商背后的技术提供商能有可观的利润收入，但由于不直接面对用户，所以难以维持用户黏性，国际语音头部企业 Nuacne 便是前车之鉴。2006 年，“深度学习”概念提出后，语音技术快速发展，技术壁垒也逐渐被打破，Nuance 的全球语音市场份额从 2012 年的 62% 跌至 2017 年的 31.6%，与此有着莫大的关系。

智能语音企业想要长期可持续发展，人才与资本是必要条件，而这两者的核心均是技术水平。以科大讯飞为例，拥有国际领先的源头技术，仍先后推出三次股权激励计划稳定技术人才队伍。同时，研发团队规模持续扩大，研发重点“讯飞超脑”助力迈向认知智能阶段，开发平台积累的语音数据和行为数据将助力技术提升。

总而言之，智能语音企业长期可持续发展的核心是技术和研发，人才吸引与资金投入是根本保障。以技术作为源头优势，技术的多元化、多样化成为企业快速发展的最优路径之一。当实现技术变现，企业则重点打造平台生态，积累语音数据和行为数据助力技术提升。随着人工智能相关理论日益完善，企业应注重技术研发和应用规范，把握人工智能第三次浪潮带来的机遇。

3.3 标准及规范

3.3.1 技术评估指标介绍

智能语音技术通过声学语音信号处理和语音特征算法处理，实现语音的智能化感知，涉及基础语音技术、基础 NLP 语音技术、产品融合技术和应用交互技术，大部分技术已经比较成熟，具有基本统一的评价和测试指标。

1. 基础语音技术

基础语音技术主要聚焦语音识别、语音合成和声纹识别，是目前智能语音领域的三大主流技术方向。

语音识别是将人类语音中的内容转换为计算机可读的输入文本。一个完整的基于统计的语音识别系统大致分为语音信号预处理与特征提取、声学模型与模式匹配、语言模型与语言处理 3 个部分。语音识别基础指标包括字准确率和句准确率。字准确率[1]，通常面向根据语音内容划分的会议发言、新闻播报、公开演讲等通用场景，需要同时考虑系统插入、删除和替换等错误；句准确率[2]，通常面向命令控制、语音交互等场景，该类应用服务的单条语句很短，识别准确率会影响任务的完成情况。

同时，针对具体场景的服务和实际应用产品，以及发音人的语速、不同口音、不同年龄，语音识别技术需要具备不同的能力。第一，环境适应能力，不同距离

注：1. 字准确率（Word Correct Rate，WCR）：设正确文本字数为 N，删除错误字数为 D，插入错误字数为 I，替换错误字数为 S，$WCR=1-(D+S+I)/N\times100\%$。

2. 句准确率（Sentence Correct Rate，SCR）：设总句数为 N（个），识别正确无误的句子数为 H（个），$SCR=H/N\times100\%$。

下远场拾音，以及家居、交通、办公和车载等具有噪声背景下的准确性；第二，特定发音人识别能力，对于儿童发音、方言、语种的识别准确性；第三，内容场景识别能力，在交通、医疗、教育、金融、法务等具体行业场景中，识别内容通常在特定的情境中，包含专业术语和专业地名、人名等。除此之外，依据语音内容准确地转换出文本，包括符号、标点和数字，也是语音识别的关键能力。

语音合成涉及声学、语言学、数字信号处理、计算机科学等多个学科技术，解决的主要问题是如何将文字信息转换成可听的声音信息，即让机器像人一样开口说话。语音合成系统的评估方法有很多，目前业界主要关注语音学模块和语言学模块两类指标。其中语音学模块的评测内容包括语音清晰度测试和语音自然度测试，语言学模块的评测内容包括切词、多音字、数字串、符号和单位等文本处理能力的测试。同时，评测方法又分为主观评测和客观评测，语言学模块的输出结果大多数是确定的，因此可以建立评测数据库来进行自动对比测试，但是对于语调、节奏、重音以及自然度、舒适度等非确定性指标，明确认定非常困难，甚至存在很多歧义，在这种情况下，通常采用专家评判，或者采用听音人两两对比测试[3]、主观印象打分[4]等主观评测方法。

声纹识别是根据说话人发音的生理特征和行为特征，自动识别说话人身份的一种生物识别技术，目前已在身份认证、金融、安防等领域应用。声纹识别技术通常包括声纹确认（验证语音有身份表示，通过与指定说话人对比进行声纹确认）和声纹辨认（验证语音无身份表示，通过与语音库

注：3. 两两对比测试（Pared Comparison，PC）统一测试样本，听音人按照拟人性、连贯性、韵律感等因素对测试系统的合成结果进行两两对比。

4. 主观印象打分（Mean Opinion Scale，MOS）听音人根据语音合成结果的输出与自然语言接近程度的总体印象，从拟人性、连贯性、韵律感等方面，五级记分，1–劣，不能接受；2–差，不愿接受；3–中，可以接受；4–良，愿意接受；5–优，很自然。

所有说话人对比进行声纹辨认），用错误接受率（False Acceptance Rate，FAR）和错误拒绝率（False Rejection Rate，FRR）来衡量识别性能。同时，声纹特征随着自然人的身体状况、年龄、情绪等因素影响不断变化，因此声纹识别系统的时变抗干扰能力也是非常重要的指标。若在环境噪声较大和混合说话人的环境下，语音识别系统无法准确识别和分离声音特征，因此声纹识别需要具备在不同噪声环境和多人说话场景中抗干扰的能力。此外，由于声纹通常作为身份识别的一种手段，因此对于录音攻击、合成音攻击等伪造声音攻击也应具备一定的检测识别手段。

2. 基础 NLP 技术

分词是自然语言处理的必经之路。分词是将文本以词或标点为单位切分成序列的形式。汉语和日语等进行文本分析时必须要分词，而英语和法语的文本原本就是单词与空格的组合，只需要将其中的标点与相邻单词分开即可。因此，中文相对英文等西方语言而言分词难度更大，极易造成后续识别任务的级联错误。分词方法可以分为规则分词和统计分词，其中，基于规则的分词方法是一种机械的分词方法，即基于词典对语句的文本进行切分，然后与词典中的词语进行匹配，如果匹配则将对应词语的字符串保留，否则不予切分。基于统计的分词方法通过建立语言模型对文本进行单词划分，并基于划分结果计算概率，选择概率最大的一组作为最终的分词结果。

命名实体识别，明确文本中语义的主体。命名实体识别是分析出文本中的人名、地名和组织结构名等命名实体的技术，既是自然语言处理当中相对独立的专项任务，也是深度解析自然语言不可缺少的前置步骤。命名实体识别的难点在于人名、地名和组织机构名等均存在独立的命名体系，并且具有较强的专义性，因而难以在文本中确定其边界，这一问题在中文命名实体识别中显得更为突出。

语义向量表示，有效度量和计算语义。语义是一种抽象的高层次特征，传统的词袋模型（Bag of Words，BoW）表示将文本看成相互独立的字符的集合，即将所有词语装进一个袋子里，不考虑其词法和语序的关联，从而导致训练过程数据稀疏。语义向量表示的优点是用低维稠密的向量表示文本，因此泛化能力更强，在表示同义不同词的文本时其向量也更为接近。深度神经网络能够学习到数据中不同层次的特征，是当前量化和比较语义的主流做法。其训练过程通常建立在分布式假设之上，即在相似上下文语境中的词通常都有着相似的语义。

3. 产品融合技术

产品融合技术是传统智能语音技术与具体场景、产品需求相结合，为技术的产业化落地提供定制化能力，融合产品特点提供全链条和多元化的产品服务。产品融合技术通过采集处理形成高质量的语音数据，辅以单项智能语音技术，集成后发挥最大的交互效能，保障语音交互应用的高效性和流畅性。

语音唤醒 / 命令是指通过设定一个唤醒词，设备开启，自动加载好资源并处于休眠状态，只有用户说了唤醒词后，终端语音识别功能才会切换到工作状态。语音唤醒 / 命令的应用领域比较广泛，几乎所有带有语音交互功能的终端设备都需要语音唤醒作为人机交互的入口，例如，智能手机、智能家居和可穿戴设备等。语音唤醒 / 命令可看作小型关键词识别，区别于语音识别，语音唤醒 / 命令算法通常在终端设备实现，其评价方法是针对指定的唤醒词进行多次唤醒测试，在不同环境噪声中唤醒人的多样本测试集下，根据统计结果计算唤醒正确率[5]和误唤醒频度[6]。此外，除了算法性能外，语音唤醒 /

注：5. 唤醒正确率：被唤醒的次数中正确次数的比例。

6. 误唤醒频度：被唤醒的次数中错误次数的比例。

命令的评价指标还包括硬件配套能力，包括硬件的实时响应速度和功耗。

话筒阵列语音增强技术是指通过声源定位及自适应波束形成语音增强，在前端完成远场拾音，并解决噪声、混响、回声等影响。对于智能语音交互终端，其语音采集设备的语音质量需要满足必需的指标要求，以评价语音质量对相关语音服务的影响，例如，利用信噪比（Signal Noise Ratio，SNR）值、语音质量的感知评估（Perceptual Evaluation of Speech Quality，PESQ）值等评价噪声抑制能力、混响消除能力、声源分离能力和自动回声消除能力等。此外，拾音设备的灵敏度、噪声级、信噪比、频率响应、波形失真度和远距离拾音也是参考指标。语音质量评估方法主要分为主观听音测试和客观音质测量两种。其中，主观听音测试主要是平均主观得分（Mean Opinion Score，MOS）评测；而客观音质测量又分为两种，一种需要访问原始语音，例如，PESQ 等，另一种不需要参考音，例如，SNR 等。

全双工语音交互技术与既有的单轮或多轮连续语音交互技术不同，可以根据实时的识别结果预测说话人即将说出的内容，动态生成回应并控制语音合成的播放节奏，从而使长程语音交互成为可能。此外，采用该技术的智能硬件设备将不再需要用户在每轮交互时都说出唤醒词，将语音交互的自然度推进到一个新的层次。

4. 应用交互技术

应用交互技术主要结合应用场景和业务内容，依托智能语音、自然语言理解和产品融合技术，提供全方位的解决方案和策略，其核心能力聚焦于场景的智能化应用效果和精准度。

智能口语评测是基于基础智能语音技术自动对发音水平进行评价、找出发音错误、定位缺陷和分析问题的技术，一般由建立标准发音模型、分析发音的音段韵律质量以及训练人工评分映射等组成。目前，评测技术比

较成熟的有中文普通话发音水平和英文发音水平自动评测，主要的应用场景有语言考试，例如，英语四六级口语考试、中文普通话等级考试等教育场景。通常，口语评测主要通过语音识别技术和多维度口语表达评测算法，综合评测口语表达能力，给出评分和提升建议，帮助用户了解自身的口语表达能力，并有针对性的训练和提升。

对话系统是基于对话的内容理解和生成，实现无障碍自然人机对话交流的技术。随着互联网信息技术的发展，大规模自然标注的对话文本数据能够驱动深度学习算法，大幅提升对话系统的效果，促进语音技术进一步应用落地。具体而言，对话系统可以分为两种。一种是任务导向型对话系统，旨在帮助用户完成具体的任务，例如，在电商平台寻找商品、预订酒店等。目前，任务导向型对话系统在智能客服、智能服务机器人和智能助手等产品服务中得到了充分的应用。以智能客服为例，对话系统借助底层知识库为用户提供及时有效的咨询回答服务，帮助用户解决支付、电商、游戏和视频等垂直场景中的问题。另一种是非任务导向型对话系统，也称作聊天机器人，与前一种对话系统所需要的精确度相比，其难点在于话题切换跨度大、回复需要保证多样性和趣味性。前者能够产生更为贴合且在语料库中从未出现过的回复，而后者则能保证回复的信息量和流畅度。对话系统的评价指标包括意图识别准确率和问题解决率，在具体的评价过程中，应充分考虑系统是否能明白对话人提出问题的意图，在此基础上，能否做出正确的回应。除此之外，也可用端到端对话系统的任务完成率来评估对话效果，用趣味性衡量聊天机器人的回复是否风趣幽默。

3.3.2　国内外标准制定现状

近年来，国内外相关标准组织和企业相继推出与智能语音类技术和应用相关的标准和规范，主要聚焦于语音交互的设备接口技术规范、交互协议，还有针对智能家居、智能音箱等具体产品应用的指标要求和能力评估标准，基本形成从技术到应用的智能语音标准体系。

1. 我国标准的现状和进展分析

（1）国家标准聚集基础技术，面向语音交互技术应用

我国在智能语音标准制定方面有深厚的积累。2013 年，全国信息技术标准化技术委员会用户界面分技术委员会 (TC28/SC35) 正式成立，TC28/SC35 的语音交互工作组负责规划智能语音领域标准化总体框架，智能语音交互技术标准体系如图 3–10 所示[7]。

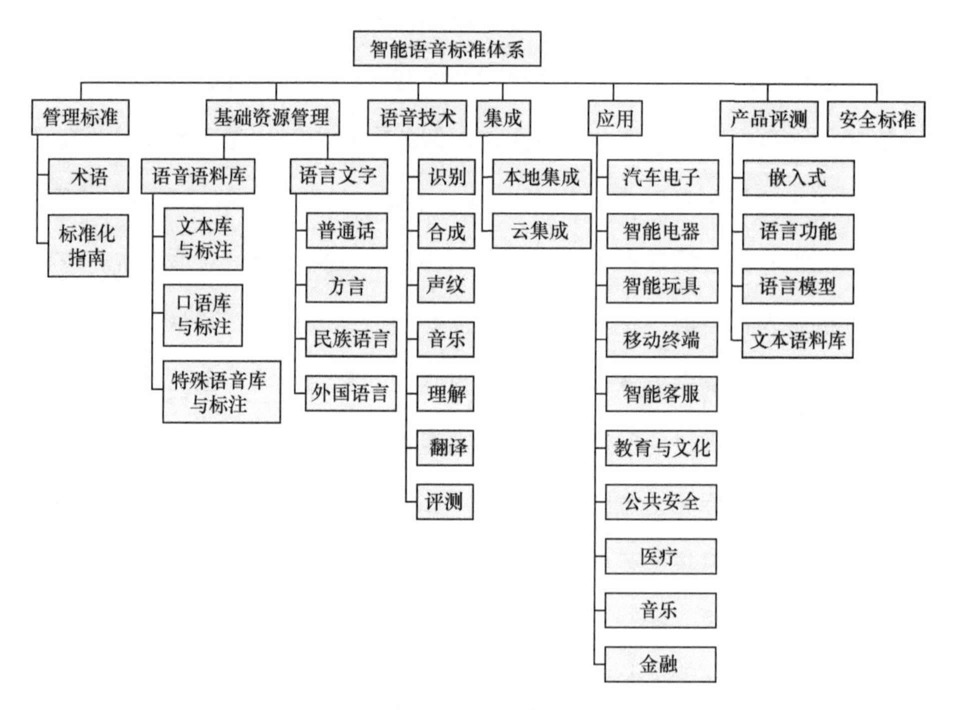

图 3–10　智能语音交互技术标准体系

关于智能语音的现行国家标准主要集中在基础技术的接口定义、技术

注：7.　胡郁，严峻 . 智能语音交互技术及其标准化 [J]. 信息技术与标准化，2015（4）.

规范，同时以智能语音交互为核心细分具体场景应用，构建技术应用体系化的标准架构，按照智能语音细分领域介绍各领域技术标准。

语音识别领域的技术标准总体上较为全面地给出了语音识别的性能分类指标、响应时间指标、系统分类指标等，对语音识别的输入输出准则加以规定，同时提出语音识别测试语料标准库分类规范，语音识别主要标准见表 3–1。

表 3–1　语音识别主要标准

标准名称	标准号
《中文语音识别终端服务接口规范》	GB/T 35312—2017
《中文语音识别互联网服务接口规范》	GB/T 34083—2017
《中文语音识别系统通用技术规范》	GB/T 21023—2007
《信息技术　词汇　第 29 部分：人工智能　语音识别与合成》	GB/T 5271.29—2006/ISO/IEC 2382-29:1999

语音合成领域的标准定义了语音合成的相关技术接口和数据交换格式、口音标注、韵律和音色调节能力的分类、合成方法的分类等，语音合成主要标准见表 3–2。

表 3–2　语音合成主要标准

标准名称	标准号
《中文语音合成互联网服务接口规范》	GB/T 34145—2017
《中文语音合成系统通用技术规范》	GB/T 21024—2007

智能语音交互系统领域的标准主要针对不同产品形态和场景需求，构建以智能语音应用为核心的标准体系，智能语音交互系统主要标准见表 3–3。

表 3-3　智能语音交互系统主要标准

标准名称	标准号
《信息技术　智能语音交互系统　第 2 部分：智能家居》	GB/T 36464.2—2018
《信息技术　智能语音交互系统　第 3 部分：智能客服》	GB/T 36464.3—2018
《信息技术　智能语音交互系统　第 4 部分：移动终端》	GB/T 36464.4—2018
《信息技术　智能语音交互系统　第 5 部分：车载终端》	GB/T 36464.5—2018

中文分词领域的标准定义了现代汉语在分词任务上的规范，阐述了与早期汉语分词的区别，介绍了少数民族文字（藏文）的分词方法和规范，中文分词主要标准见表 3-4。

表 3-4　中文分词主要标准

标准名称	标准号
《信息处理用现代汉语分词规范》	GB/T 13715—92
《信息处理用藏文分词规范》	GB/T 36452—2018

信息检索领域的标准规定了自然语言处理中信息检索的应用服务的定义、相关协议的规范，以及信息检索中常用的叙词表，信息检索主要标准见表 3-5。

表 3-5　信息检索主要标准

标准名称	标准号
《信息与文献　信息检索（Z39.50）　应用服务定义和协议规范》	GB/T 27702—2011/ISO 23950:1998
《信息与文献　叙词表及与其他词表的互操作　第 1 部分：用于信息检索的叙词表》	GB/T 13190.1—2015

机器翻译领域的标准规定了翻译领域中术语的编纂要求、翻译服务的质量指标要求、对笔译和口译的规范，以及对英文著作进行翻译时应遵守的通则，机器翻译主要标准见表 3-6。

表 3–6　机器翻译主要标准

标准名称	标准号
《面向翻译的术语编纂》	GB/T 18895—2002
《翻译服务译文质量要求》	GB/T 19682—2005
《翻译服务规范　第 1 部分 : 笔译》	GB/T 19363.1—2008
《翻译服务规范　第 2 部分 口译》	GB/T 19363.2—2006
《标准化工作指南　第 10 部分：国家标准的英文译本翻译通则》	GB/T 20000.10—2016

智能客服领域的标准规定了智能客服语义库相关的技术要求，将智能客服作为智能语音交互系统的一部分进行维度和指标的规范，智能客服主要标准见表 3–7。

表 3–7　智能客服主要标准

标准名称	标准号
《智能客服语义库技术要求》	GB/T 36339—2018
《信息技术　智能语音交互系统　第 3 部分：智能客服》	GB/T 36464.3—2018

（2）行业标准立足实际场景，解决行业具体问题

行业相关标准化组织以智能语音技术应用的实际需求为立足点，为解决行业具体问题提供标准化工作支撑，智能语音行业标准见表 3–8。

表 3–8　智能语音行业标准

标准名称	标准号
《自动声纹识别（说话人识别）技术规范》	SJ/T 11380—2008
《安防生物特征识别应用术语》	GA/T 893—2010
《安防声纹确认应用算法技术要求和测试方法》	GA/T 1179—2014
《移动金融基于声纹识别的安全应用技术规范》	JR/T 0164—2018

（3）团体标准及企业标准有效补充，贴近技术产业需求

团体组织和企业通常会针对新技术、新产品和新需求开展相关标准化

工作，在特定范围内广泛征求产业意见，采用快速反应机制缩短标准制定周期，及时响应技术和市场的快速变化。以中国人工智能产业发展联盟为代表，自 2017 年起，该联盟聚焦产业实际需求，梳理具体评测指标和方法，制定智能语音技术与产品评估方法系列评估规范并开展相应的评估测试工作。此外，科大讯飞、腾讯、百度、搜狗、思必驰等国内智能语音企业也开始重视标准制定工作，制定智能语音相关的企业标准，规范技术和产品研发。

可见，国家标准、行业标准、团体标准和企业标准互相补充，进一步增强了智能语音技术研发和应用产业之间的联系，提升了技术规范速度和规范化程度。

2. 国际标准现状和实际进展的分析

美国国家标准与技术研究院（National Institute of Standards and Technology，NIST）从 20 世纪 90 年代中期就开始组织制定语音识别 / 合成系统性能评测方面的相关标准。NIST 陆续制定了评价语音识别 / 合成系统的词错误率的计算规范、语言模型复杂度的计算规范、训练和测试语料的选取、系统响应时间标准、合成语音自然度的评价规范、测试程序的规范等，目标是制定出一套评价语音识别 / 合成系统的技术标准，让所有的语音识别 / 合成系统在这套评测标准下进行评价，以得到客观的性能评价指标。近年来，NIST 又制定了针对其他语种（例如，汉语、日语等）的评价技术标准。

国际标准组织 ISO/IEC JTC1/SC35（用户界面分技术委员会）开展了语音命令标准项目，提供构成语音命令的单词或者短语的发音音素要求，规定了语音命令设计原则，测试方法是用来验证语音命令或语音识别引擎是否满足所要求的规范，仅仅包括测试和评价方法，但不包含定量指标。语音命令标准项目标准见表 3-9。

表 3-9　语音命令标准项目标准

标准名称	标准号
《信息技术-用户界面-语音命令 第 1 部分：框架和通用指南》	ISO/IEC 30122-1
《信息技术-用户界面-语音命令 第 2 部分：构建和测试》	ISO/IEC 30122-2
《信息技术-用户界面-语音命令 第 3 部分：翻译和本地化》	ISO/IEC 30122-3
《信息技术-用户界面-语音命令 第 4 部分：语音命令注册管理》	ISO/IEC 30122-4

2020 年 1 月，ISO/IEC JTC1/SC35 全会全双工语音交互国际标准正式获批立项(ISO/IEC 24661 *Information technology-User interfaces-Full duplex speechinteraction*)，该标准是由我国牵头制定的智能语音交互国际标准，主要针对全双工语音交互系统架构、特性方法、能力单元和技术要求等方面。在文本分词方面，主要有 ISO 24614-1-2010《语言资源管理—书面文本自动分词—第 1 部分：基本概念和一般原则》等标准，规定了书面文本中的分词规范，阐述了分词中的基本概念以及需遵守的一般性原则。

国外的语音技术企业在其语音技术产品和解决方案中积极应用国际标准，并结合自有应用系统制定企业的集成接口标准，例如，微软公司在其 Windows 操作系统中提供的微软语音应用程序接口（The Microsoft Speech API，SAPI）和语音应用标记语言（Speech Application Language Tags，SALT）规范；Sun 公司在其 Java 开发语言中提供的 Java 语音合成置标语言（Java Speech Synthesis Markup Language，JSML)。同时，针对具体场景，由一些大型企业牵头发起的标准组织也开始规划并制定相关标准，例如，国际 Wi-Fi 联盟组织、Bluetooth SIG(蓝牙技术联盟)、ZigBee 联盟和 Z-Wave 联盟等启动制定与智能家居相关的标准，以开放式互连基金会（Open Connectivity Foundation，OCF）为代表的行业论坛组织侧重于设备之间的交互协议。

3.3.3 标准需求及发展趋势

目前，已有的标准为智能语音技术应用场景化的发展打下了良好的基础，随着语音交互技术在产业中的深入应用，未来相关标准将统筹考虑技术和应用需求，综合衡量产品能力和功能。

1. 交互接口的互联互通标准化

针对不同的场景，设计统一的信息交换格式，通过扩展控制交互接口指标，实现物联网“万物互通”。其中，涉及的内容包括智能语音设备的语音信息输出与云平台语音相关模块，网关之间的交互接口要求，外部信息/服务资源接入的接口要求，嵌套智能语音功能之间互联互通接口要求以及接口或协议的函数（功能）名称、入口/出口参数、输入/输出格式和功能描述等。

2. 语音语义数据集建设标准化

由于深度学习是基于数据驱动的模型，需要庞大的数据，所以这些数据最好是在真实场景中收集的，并且被精确标注。例如，声纹识别训练库的建立，至少要保证发音人性别比例分布为 50%±5%，包含不同年龄段、不同地域、不同口音、不同职业。同时，测试样本应该尽可能满足发音人和语音数据内容的多样性，例如，发音人的年龄、性别、口音等，以及文本内容相关度、采集设备、传输信道、环境噪声、采样时长等。因此，在智能语音标准制定过程中，语音数据采集技术要求、数据质量评价指标、数据库要求等数据建设标准是至关重要的。

3. 产品服务及融合应用标准化

在实际智能语音产品服务和融合应用中，除了基本的通用化技术评价指标之外，以用户体验和服务能力为核心的功能、性能也至关重要。以语音

识别为例，技术衡量指标是识别字准确率和句准确率，当聚焦具体场景应用时，产品服务的语言支持多样性，产品服务可靠稳定性，场景环境符合性，以及车载、会议、家居等真实噪声环境下的近远场识别能力同样需要制定统一的参考标准。随着技术的大规模产业化应用，依托技术要求的标准基础，智能语音产品标准需要从用户角度出发，充分考虑应用场景、产品特性和用户需求，制定包括技术、产品和服务多维度的指标体系，进而为全产业提供综合性标准服务。

4. 系统合规安全服务能力标准化

在智能语音技术产业化过程中，面临着内容合规、指标评定、产品服务等多方面规范化的问题。随着国内外标准化组织对人工智能可信安全的重视，系统合规安全服务将融入智能语音产品标准体系。对于智能语音服务和硬件来说，不仅需要考虑系统部署方式、可靠稳定性、服务计量准确度，还要将接口安全防护能力、网络安全防护能力、个人信息保护能力、服务提供商的安全审计能力和安全管理制度等安全合规指标纳入标准内容。对系统硬件和安全防护等提出标准化要求，以更好地匹配智能语音产业软硬一体化的发展模式。

总体来看，智能语音技术标准需要从技术原理和应用需求出发，基于语音识别、语音合成等技术规范和服务接口规范，结合具体的产品形态和应用，细化指标方法，丰富场景内容，建立实际环境下单项技术能力、抗干扰能力、系统集成能力和安全可靠能力的技术符合性规范。

3.4 产业应用创新实践

智能语音技术作为AI技术的重要组成部分具有广阔的生态。近年来，智能语音行业正在经历从单一商业模式向多元化商业模式的变迁，技术输出的“厚度”增加，“边界”扩大。智能语音可以落地到多个场景，帮助各行业解决“刚需”问题，实现业务效率提升。

3.4.1 “AI 语音 + 终端”：消费级市场潜力显现，疫情催发新业态

“AI 语音 + 终端”通过将智能语音技术嵌入终端产品，提升人与终端产品之间的互联互通水平，为智能终端产品新模态的衍生创造机会。智能语音技术将终端产品的人机交互操作界面简化为语音操作，使其体积和能耗大幅降低，同时便捷的语音交互方式还可以补充和延伸人体感知能力，实现情景交互感知。随着万物互联时代的到来，与人交互的设备都可以集成语音模块，结合终端产品需求嵌入定制化的语音技术。

智能语音终端产品具备智能语音交互系统、互联网服务内容，同时，可扩展更多设备并进行内容接入，主要包括语音主控芯片、话筒语音采集阵列和语音交互技术 3 个部分。语音主控芯片作为主板的核心组成部分，优质的主控芯片可以有效提升智能语音终端音质，发挥音效设备及话筒的最佳性能。话筒语音采集阵列由一定数目的话筒组成，是用来对声场的空间特性进行采样并处理的系统，可以用于语音信号处理，对接收声波进行过滤，起到抑制噪声、消除回声、去混响等作用。简单而言，使用话筒阵列而非单个话筒是为了在用户距离音箱较远时，依然能够正常地收听用户的语音指令。语音交互技术包括语音识别、语音合成、自然语言处理、对话管理等，可以实现将语音信号转化为文本，对文本内容进行领域分类、意图分类和实体抽取，基于理解生成文本输出，最后像人一样能把内容朗读出来。

1. 消费级终端——语音交互成为“刚性需求”

在智能终端产品中，消费级智能语音交互是人们接触智能语音最普遍的渠道，因此消费级智能硬件成为最早表现出市场潜力的赛道，市场各方

都在瞄准消费级智能交互终端，例如，智能音箱、智能手环、智能手表等。2019 年中国消费级智能硬件家族如图 3–11 所示。

资料来源：艾瑞咨询

图 3–11　2019 年中国消费级智能硬件家族

已经商业落地的产品大多获得了较好的市场反馈，例如，智能音箱已经成为家庭生活必不可少的智能设备，具备点播歌曲、上网购物、天气预报或者智能家居设备控制的功能，成为全球增长最快的消费类技术领域，各大公司相继推出相应产品。除此之外，智能穿戴设备，例如，智能耳机、智能手环、智能手表等，也迸发出强大的市场可能性，智能鼠标、智能键盘等终端积极赋能办公等多种应用场景。

（1）智能音箱——家居生活必备帮手

智能音箱在传统音箱的基础上增加了智能功能，可提供音乐、有声读物等内容服务以及应用程序等互联网服务，同时实现场景化智能家居控制。作为新兴的智能硬件产品，智能音箱应用前景广阔，市场规模巨大。

目前，国内外企业纷纷推出智能音箱产品，早在 2014 年，亚马逊就推出了首款智能音箱 Echo，除播放音乐外也可作为家庭设备，可连接第三方服务（例如，约车、订外卖等），随后亚马逊不断丰富 Echo 家族产品，至今已经累计销售破千万台。小米、京东、阿里也纷纷推出了自己的智能音箱产品。

智能音箱产品设计呈现软硬一体化的趋势，软硬件能力、内容丰富程度和产品功能都成为重要指标。在硬件方面，智能音箱通常涉及语音采集和处理，例如，采用高保真芯片实现动态范围自动增益控制，使音箱播放音乐时呈现更丰富的声音细节；在前端使用话筒阵列硬件，通过声源定位及自适应波束形成实现语音增强，在前端完成远场拾音，并解决噪声、混响、回声等带来的影响，实现全方位环形声场和全方向唤醒。

在软件方面，智能音箱通过自学习动态平衡 AI 自学习算法，让不同风格的音乐拥有最佳的音效风格，具备全双工语音交互、唤醒词自定义和语音语义识别一体化功能，使唤醒词和语音操控之间无缝衔接。

在内容应用方面，智能音箱通常内置海量互联网内容，包括在线音乐、小说、相声、儿童故事、广播电台等，满足不同用户的需求，并将技术能力形成智能音频解决方案，通过模块化的形式向音视频内容供应商开放，保障智能音箱的互联网内容。在产品功能上，智能音箱除了基本的语音播放、聊天查询等功能之外，对多种品牌智能硬件兼容也至关重要，可通过语音完成对智能硬件的控制，例如，开灯、开空调、开电视机等。

在消费升级的背景下，人们日益增长的对美好家庭生活的需求与科技进步产生碰撞。随着语音识别技术的不断发展，智能音箱具有作为智能家居控制中心的潜力正在逐步显现，人对机器最自然的表达方式是语音，语音交互是智能音箱未来的发展趋势，会给用户带来更精准的体验，并完成更复杂的功能。同时，随着产品的进一步优化升级及智能家居的推广，我国智能音箱消费市场潜力将得到释放，行业有望迎来爆发式增长。总体而言，作为新兴的智能硬件产品，智能音箱的应用场景广泛，具有广阔的市场行情。

（2）智能可穿戴设备——语音交互成为“刚性需求”

智能语音技术也被广泛应用在智能可穿戴设备领域，智能可穿戴设备趋于小屏化、无屏化的特点决定了它可以成为智能语音的入口。国际数据公司（International Data Corporation，IDC）数据显示，2020 年第 4 季度全球智能可穿戴设备出货量为 1.535 亿台，同比上升 27.2%；2020 年全年整体出货量为 4.447 亿台，同比上升 28.4%。2020 年第 4 季度智能可穿戴设备出货量排名第一的产品为蓝牙耳机，占比 64.2%，其也成为在 2020 年驱动可穿戴设备出货量不断增长的一大动力。

智能耳机隶属于可穿戴式智能设备，指在传统耳机中内置智能化系统，以蓝牙技术为传输方式，并搭载应用程序，集成语音助手、触觉和动作感知、翻译等功能。智能耳机拥有接听电话、智能运动追踪、检测心率、GPS 导航等功能。面对双手在特定场景下的局限和生活各个角落存在的噪声，通过特定的智能语音技术，可以实现语音交互和通话降噪，方便用户便捷地使用耳机相关功能。例如，在开车途中或者时间紧张时，可以通过简洁的唤醒词指导智能耳机进行相关操作，解放双手。

我国智能耳机的渗透率呈现逐年上涨的趋势，中金企信国际咨询公司公布的《2020—2026 年中国智能耳机行业市场调查及投资战略预测报告》预计，全球智能耳机市场规模在 2023 年将超过 182 亿美元，年复合率增长 4.6%。智能语音技术帮助智能耳机主动降噪，使人与耳机之间的交互更加自然，极大限度地扩展了耳机的原有功能，使智能耳机逐渐成为智能手机的标配。

除了索尼、苹果等知名智能耳机厂商，智能语音公司也在积极探索智能耳机的通话解决方案。思必驰基于低功耗语音唤醒技术设计出低功耗耳机通话算法方案，通过低功耗语音唤醒词（接听电话、挂断电话）实现语音控制接打电话，接通电话后通过自适应通话降噪技术保障远端接听者在各种复杂场景下可以清晰地听到说话人的声音，满足用户对高质量通话的要求，智能耳机通话算法方案如图3-12所示。该通话方案已在多家耳机厂商落地，通过语音唤醒和通话降噪方便广大用户的沟通，让沟通无处不达。在耳机交互演变的过程中，语音唤醒已成为独到的加分点。

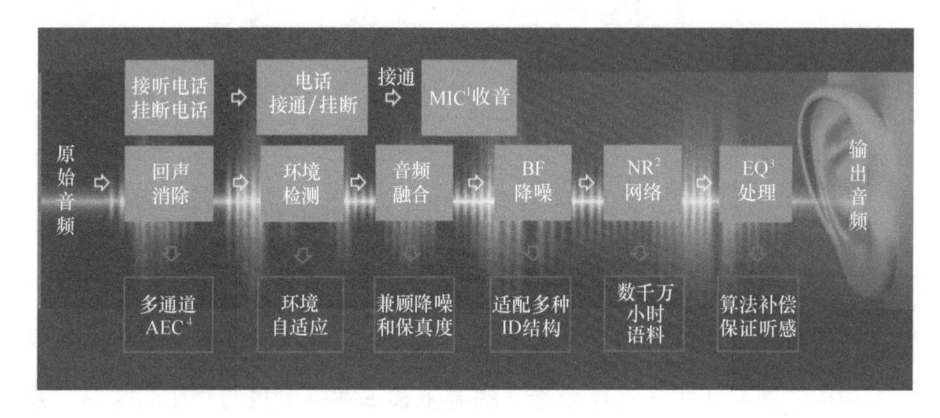

注：1. MIC（Medium Interface Connector，介质接口连接器）

2. NR（New Radio，新空口）

3. EQ（Equalizer，均衡器）

4. AEC（Acoustic Echo Cancellation，声学回声消除）

图3-12 智能耳机通话算法方案

随着智能语音技术的发展，手表这一传统的商务标配也开始融入智能概念，有别于传统手表，智能手表具有更创新的技术和更优化的用户体验。除了计时功能之外，智能手表还具有语音交互、通话、导航、检测等多种功能，能够应用于健康、运动、支付、通信等多个场景。用户可以在查询时间的同时关注自身健康情况，例如，心率等，语音交互等操作也更适合儿童及老年用户。

不同于手机，对于手表等穿戴类产品，需要满足轻巧、便携、贴身等需求，这使手表类产品不能拥有像手机一样的大屏交互界面，因此语音交互成为智能手表的“刚需”。面向用户消费级场景，出门问问打造了AI智能

手表可穿戴产品，聚焦续航能力、网络信号、耐用美观、独立运行这四大核心特点。该方案使用可穿戴操作系统 TicWearOSTM 开发的自有智能手表操作系统，可以灵活接入第三方应用，并兼备智能节电技术，采用双频 GPS 实现精准定位，将使用场景延伸到室外。最重要的是，该方案使用全程语音操控方式，减小了智能手表的体积，并为用户提供了自然的交流模式。

（3）语音终端开启“AI+”办公新生活

智能语音功能指无须借助其他外部设备即可进行语音输入、语音转写，反应迅速、精准度高，已经成为许多智能终端产品的标配，包括键盘、鼠标等智能办公产品。

智能办公产品解决了用户在日常办公中对于语音转写的需求，将语音转写技术真正地由“商业端”推向了“用户端”，通过个人效能提升带动个人及社会的整体效能提升。此外，智能办公产品还能够帮助听障人士学习工作，特别是在新冠肺炎疫情期间利用智能办公产品实现无接触信息录入，体现了良好的社会价值。根据 IDC 数据显示，2020 年全球个人计算机（Personal Computer，PC）市场出货量同比增长 13.1%。疫情加速了 PC 市场的回暖，居家办公、线上学习以及消费需求的复苏使鼠标、键盘等 PC 配件市场也保持强劲增长。计算机制造业市场在可预见的未来不会出现饱和现象，而鼠标作为操作计算机所必需的外部设备，在计算机制造业稳步发展的同时也将获得更为广阔的市场空间。

智能语音领域的核心技术为 IT 电子设备的信息输入提供了新型智能方案，一方面聚合 AI 语音转写技术，另一方面应用了软硬件一体化的设计思路，既有效提升了转写使用效果，也方便消费者使用。近年来，各大厂商利用智能语音技术持续探索拓展智能办公领域，陆续推出智能办公新品，逐渐形成具有人工智能特色的“AI+”办公产品矩阵，赋能智能办公行业，帮助桌面办公用户提升办公效率。

科大讯飞于2019年推出智能鼠标Lite和Pro、智能语音键盘，将语音识别等人工智能核心技术与传统办公用品进行融合，采用了独立的语音键设计，打造了全新的智能办公产品，产品在办公、娱乐、学习等多种场景得到应用广泛，覆盖了诸多人群。

智能鼠标和智能语音键盘等产品主要解决了电脑办公场景下各类用户，尤其是老年人用不惯键盘打字、键盘打字慢、打字错误多以及常开会议等需要速记速录等问题，还有效解决了电脑端跨国交流用户的语言翻译需求，辅助保障跨国会议等活动顺利进行。

智能录音笔打通了录音、智能转写、文件分享、后端编辑的全链路流程，解决了后期录音文字二次加工的问题。智能录音笔可应用于媒体采访、会议记录、学生做笔记、律师取证、作家写作等多种场景，有效提高记者、文职人员、学生、教师、律师等各类文字工作者的整体工作效率，释放更多的生产潜力，将人们从烦琐的文字工作中解脱，聚焦在更高价值的工作中。

2. 无接触终端——疫情之下孵化新的技术业态

除了消费级智能终端，由于新冠肺炎疫情的暴发，带来了一系列新的需求。全国各大企事业单位开始探索并研发了基于智能语音技术的终端应用，并迅速应用到社会各界，协助疫情下的社会管理和经济复苏。

在全国疫情防控复工复产之际，各级政府纷纷发布了相关复工复产防疫工作指引，鼓励各行各业尽量“线上业务手机办理”，优化和丰富“非接触式服务”渠道和场景，以及充分利用技术手段建立线上远程无监督的可信身份认证体系，强调某些生物特征认证风险提示工作，避免人员集中、近距离接触导致疫情扩散。基于防疫工作的指引，各科技公司积极研发适用于疫情新形态下的智能终端产品，助力疫情管理及工作恢复。

（1）智能语音交互促进疫情无接触式操作

疫情下为实现无接触交互，电梯管理人员积极探索解决方案，对电梯进行定期消毒、控制电梯人流并提供一次性按压用纸。将智能语音技术应用在电梯中，可代替原有的按键控制，通过语音指令控制电梯进行相关操作。例如，用户通过“我要上楼”或“我要下楼”的语音唤醒，控制电梯板的上下按键；通过“我要去 × 楼”的语音交互指令告诉电梯需要停靠的楼层，电梯会自动识别指令，自动打开楼层按键开关。语音唤醒使人们在人流量密集的电梯中得以实现全程无接触、无障碍乘梯，有效解决因各类情况不方便按键、不愿意按键的问题。

根据疫情下无接触乘梯的需求，思必驰推出“智能语音电梯离线语音方案”，并基于此开发出智能语音电梯“小黑盒”，针对性地打造公共场所“无接触式”的人机交互。“小黑盒”采用高性能、低功耗语音交互专用芯片（TH1520）和深度优化的语音前端解决方案，嵌入 ASR、TTS 等语音交互技术，使用时，用户无须按键，只要说出想去的楼层即可到达。智能语音电梯“小黑盒”如图 3-13 所示。

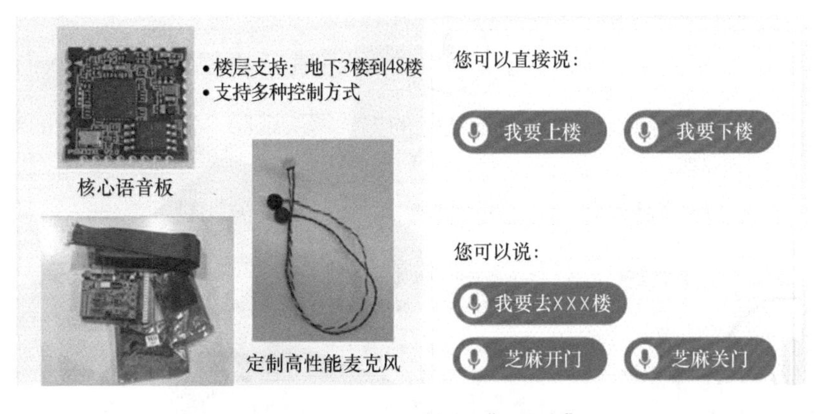

图 3-13　智能语音电梯“小黑盒”

（2）口罩下的身份识别认证

为了进一步提高身份认证的安全性以及扩大身份认证的应用场景，针对疫情这一特殊情况，衍生出声纹识别身份认证方式，该方式可以和人脸识别认证实现有效结合。应用声纹识别和人脸识别两种技术手段，智能终端具备更快的采集速度以及更高的识别准确率，可以克服光线、噪声等单因素限制条件，同时让交互过程真实、顺畅、自然，可广泛应用于社会各个领域，例如，网络账号登录、智能声控防盗门、证券交易、银行交易、信用卡交易、公交乘车等需要提供身份验证、账号登录等场景。

基于口罩识别准确率下降的问题，得意音通公司推出“声纹＋人脸”智能身份认证解决方案，采用声纹和人脸特征层融合建模算法以及判决层融合比对算法，深度融合声纹及人脸两种生物特征指令，保证在人的一种生物特征失真的情况下，仍能顺利识别另一种。该解决方案可以概述为“2+2+2”，即“双生物特征融合（声纹、人脸）＋双活体检测（语音、人脸）＋双真实意图检测（语音情感识别、人脸表情识别）”，充分发挥了语音“形简意丰”的特点，且具备高安全、低隐私等优点，为用户提供更加安全有效，也更加智能的优质体验，“2+2+2”方案如图 3-14 所示。

未来，“声纹＋”身份认证技术将进入人们生活的各个领域，让人们既方便又安全地进行身份认证，以更加智能的方式解决证明“我”是“我”的难题。

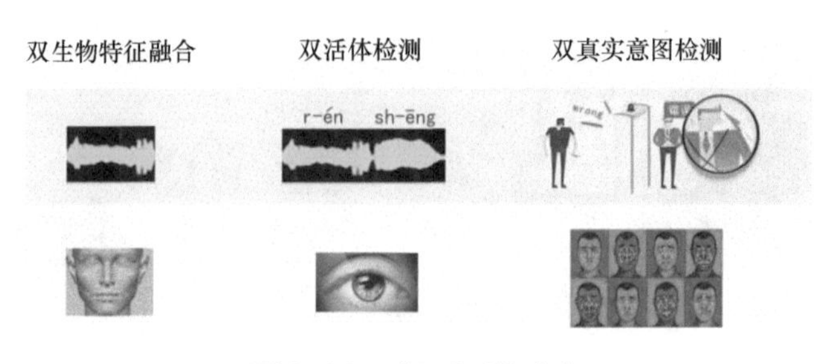

图 3-14　“2+2+2”方案

3.4.2 “AI 语音 + 服务”：智能语音深度赋能平台服务

“AI 语音 + 服务”将语音识别、语音合成、自然语言理解等智能语音功能与软件服务相结合，依托云服务、移动互联网为开发者或用户提供智能化服务，例如，智能语音开放平台、语音助手、智能客服等，为用户提供更加全面和及时的信息服务。

智能语音开放平台为开发者提供智能语音解决方案，开发者可以自己选择指定服务，以满足业务需求。语音助手可以提供即时交互问答及简单操作的功能，让用户可以通过语言指令执行操作，高效地完成任务需求，目前已成为众多智能交互类终端的“标配”，例如，苹果的 Siri、小米的“小爱同学”等。智能客服可以提供用户问答和企业管理服务，不仅为企业与海量用户之间建立了快捷有效的沟通渠道，还为企业提供了细粒度知识管理技术以及精细化管理所需的统计分析信息，由于其双向受益的特点，其场景化应用将受到更多服务行业的青睐。

1. 智能语音开放平台——语音交互解决方案助力开发

（1）平台功能及服务方式

智能语音开放平台主要为硬件开发者或应用技能开发者提供成熟的智能语音能力、自然语言理解能力、人机交互能力等相关的技术和垂直场景解决方案，赋予硬件或技能应用“能听会说，更智能”的能力，促进智能语音技术的实际落地和企业的智能化改革。

智能语音开放平台可以提供语音唤醒、语音识别、语音合成、语义分析、信令收发等技术能力，以网页界面、API、SDK 等接入方式提供给平台及开发人员。此外，该开放平台提供的技术是解耦合的，可以针对开发人员的需求和特定场景进行高可用和规模化定制，完成自主优化，辅助定制智能语音能力。

大多数智能语音开放平台将语音标注、模型自训练、识别测试、服务部署和团队管理功能集成，提供“数据标注—模型优化—测试评估—服务部署”的完整链路智能语音自主优化能力，协助企业在短期内实现识别效果“不可用→可用”的提升，实现快速更新响应，持续提升场景识别效果，赋能传统业务智能化转型升级。

有些智能语音开放平台还内置部分通用资源及服务，例如，音乐、天气、导航等核心能力，供智能音箱、智能电视机、智能玩具等传统硬件领域企业实现用户与设备、设备与服务之间的语音联动。有些智能语音开放平台还针对垂直领域制定专门的智能语音解决方案，对家具、车载、办公、金融等领域深度赋能智能语音能力。

（2）企业开放平台介绍

搭建智能语音开放平台的企业通过为其他企业提供智能语音技术创造营收，将技术知识转化为企业财富；应用开放平台的企业也减少技术研发成本，快速获得智能语音能力，将关注点转化到产品落地上。目前智能语音开放平台生态良好，很多在语音技术上占据优势的公司都开放了相关智能语音能力。

讯飞开放平台是以智能语音和人机交互为核心，致力于为开发人员打造“一站式”智能人机交互解决方案。目前，讯飞开放平台已上线农业、金融、司法、医疗等领域行业专题，开放多项技术能力，可应用于智能电视机、智能手机、智能家电、可穿戴设备等领域，提供系统化 AI 能力和解决方案。讯飞开放平台还推出了提供人工智能专业知识服务的“AI 大学”在线学习平台，提供 AI 全链路资源服务的 AI 服务市场，以及提供专业创孵服务的讯飞生态平台，成为汇集人工智能开发者、研究者、学习者、创业者的生态开放大平台。

思必驰对话交互（Dialogue User Interface，DUI）开放平台以对话为

核心提供“一站式”交互定制，覆盖多应用场景和第三方内容资源，内置语音语言技能库。此平台支持自定义开发，可提供单项技术服务和“一站式”对话交互定制解决方案，主打智能车载、智能家居、智能机器人、手机助手等应用场景。

阿里云智能语音交互平台是基于语音识别、语音合成、自然语言理解等技术，为企业在多种实际应用场景下，赋予产品“能听、会说、懂你”式的智能人机交互体验。该交互平台适用于多个应用场景，包括智能问答、智能质检、法庭庭审实时记录、实时演讲字幕、访谈录音转写等，在金融、保险、司法、电商等多个领域均有应用案例。

腾讯云小微由小微 Skill 开放平台、小微硬件开放平台和小微服务机器人平台 3 个部分组成。其中，小微 Skill 开放平台为第三方提供智能语音对话的服务能力和内容资源；小微硬件开放平台将语音交互能力输出给第三方硬件厂商；小微服务机器人可以帮助用户提高效率，降低人力成本。用户可以导入业务领域知识库信息，建立机器人知识信息基础，通过逐步调优，使机器人实现常见问题的自动应答。

百度 UNIT 为企业和个人开发者轻松定制专业、可控、稳定的对话系统，提供全方位的技术与服务。百度 UNIT 具有开源的对话管理、对话中控模块与云端复杂对话逻辑定制功能，可以帮助开发人员深度定制对话系统。并且百度 UNIT 开放对话系统架构师与训练师培训认证体系，支持平台能力共建，与生态合作伙伴携手，共同提供对话系统自研、合作研发、托管研发等全方位的服务。

2. 语音助手赋能对话交互——构建全产业生态链

(1) 语音助手发展势头猛烈，落地场景广泛

语音助手是用于终端的语音控制程序，通过智能对话与即时问答，完

成用户指派的任务。从 2017 年下半年开始，智能语音企业通过开放语音生态系统，开展产业内合作，使语音助手向家居、车载、可穿戴设备等领域不断延伸和迁移，构建出全产业生态链。

随着机器学习的发展，语音识别和自然语言处理两个方面都获得了相当大的进步。事实上，语音系统的单词识别准确率已超过 95%，这意味着语音系统已经具备了与人类相仿的语言理解能力。相对于打字，语音产品提供了更自然、更便利、更高效的沟通形式。因此，未来语音将成为主要的人机互动接口。

瞻博研究院（Juniper Research）研究报告显示，2018 年，市面上已有 25 亿个语音助手存在。在美国，家用智能音箱的总数大幅增长 78%，从 6670 万台增加至 1.855 亿台。亚马逊在这个市场的份额达到 64.6%。据 IDC 统计，2019 年上半年，我国智能手机整体出货量达 1.8 亿台，几乎没有不具备智能语音功能的手机。此外，在辅助驾驶领域方面，因为驾驶人员需要集中注意力，汽车屏幕的使用率其实并不高，而语音助手恰恰符合该场景的特点，在不干扰视野的情况下仅通过声音就可以完成交互需求。纵观高德地图、百度地图等应用，会发现它们也确实都在极力强调语音助手的重要性和便利性，从侧面辅证了智能语音助手在车载场景中起到的前瞻作用。

（2）语音助手领域产品介绍

语音助手最初被推出时，是一款智能手机应用，通过智能语音命令和闲聊式对话实现人机交互，准确理解用户意图，执行用户命令和解决用户问题。目前自研语音助手的公司主要包括对语音助手需求强的手机或智能终端的公司，具备技术优势的互联网企业和致力于提供语音助手服务的科技公司。

2011 年苹果推出智能语音助手“Siri”，唤醒词为“Hey Siri”，Siri 让人

们可以轻松地使用语音指令完成日常任务，例如，发送消息、播放歌曲等，与 iPhone、iPad、Apple Watch、AirPods 等产品配合使用。产品应用程序与 Siri 通过任务进行集成，当通过 Siri 为应用程序提供任务时，用户可以自定义日常任务与操作的流程和功能，以实现业务需求。当用户使用 Siri 提问和执行操作时，Siri 会进行语音识别、自然语言处理和语义分析，将用户的请求转化为应用程序要处理的意图，如果是用户已设定的确切短语，Siri 不需要进行额外的处理或分析就可以识别出来。

“Celia”和“小艺”语音助手分别是华为智能语音助手的中文和英文版本，其唤醒词分别为“Hey Celia”和“小艺小艺”。华为语音助手可以直接唤醒各种语音应用，含有便捷的口令输入模式，为生活提供了便捷，让生活更加智能。“Celia”和“小艺”语音助手支持用户使用语音实现基本功能，例如，电话、短信、日程等，同时智能助手界面可以根据环境的变化而更改，体现了人性化要求。

“小度”语音助手的唤醒词为“小度小度”，基于端到端建模，采用超过 10 万小时数据训练，近场中文普通话识别准确率达 98%。“小度”语音助手支持普通话和略带口音的中文识别以及英文识别，使用了大规模数据集训练语言模型，对识别中间结果进行智能纠错，并根据语音的内容理解和停顿智能匹配合适的标点符号。“小度”语音助手不断探索新的落地场景，可应用在主播、会议、教学等场景。

灵云公司的“小灵”语音助手的唤醒词为“小灵你好”，支持离线唤醒，随叫随到。“小灵”语音助手功耗低、尺寸小，可以低功率持续监测，用户使用时无感知，且唤醒率可以保证良好的交互体验感。用户在使用时可以根据自己的喜好自定义设置多个唤醒词，满足不同场景的个性化需求，“小灵”支持 Windows、Android、Linux、iOS 等各种主流操作系统；提供 API

接口调用服务，第三方应用开发者接入简单方便；能够引进到智能电视机、智能音箱、车载设备和智能机器人等领域，为生活提供定制化智能服务。

3. 智能客服逐步取代人工客服并延伸其应用场景

智能客服是在大规模知识处理的基础上发展起来的一项面向行业的应用，不仅为企业提供了细粒度知识管理技术，还为企业与海量用户之间的沟通建立了一种基于自然语言的快捷有效的技术手段，同时还能够为企业提供精细化管理所需的统计分析信息。狭义上，智能客服是指在人工智能、大数据、云计算等技术赋能下，通过客服机器人协助人工进行会话、质检、业务处理，从而降低人力成本、提高响应效率的客户服务形式。而广义上，随着各类技术的深入应用，智能客服的外延被进一步拓宽，不仅仅指企业提供的客户服务，还包括客服系统管理及优化。相比传统的人工客服，智能客服在接入渠道、响应效率、数据管理等方面具有突出的优势。

智能客服的诞生及应用价值的逐步凸显离不开技术的发展与推动。大数据、云计算、人工智能等技术的纵深演进，是智能客服商业化的必要条件，同时也为智能客服应用场景的落地提供了底层技术支持。

根据 36 氪研究院《2020 年中国智能客服行业研究报告》，从目前智能客服的市场容量来看，客服基础软件的市场规模约为 100 亿元，且毛利较小。未来，随着人工智能技术的演进与加速赋能，智能客服行业有望突破 300 亿元～ 600 亿元的市场增量。智能客服的市场增量来源主要有智能终端设备、企业数智化转型需要、自建客服转云等。在智能客服产业链中，云计算及通信运营商为行业提供底层技术支撑；上游应用技术研发商包括提供云通信的服务商及提供语音识别、声纹识别、语义识别、自然语言处理、智能人机交互等技术的智能语音研发商；中游的智能客服供应商在底层及上游技术能力的基础上，向下游企业客户输出智能客服解决方案。

（1）智能客服应用场景

智能客服应用场景广泛，用智能客服取代传统的人工客服可以有效减轻客服人员的工作负担，降低企业成本，对获得用户数量及回访量大的行业效果尤为明显。目前，智能客服主要涉及以下几个应用场景。

① 电商零售

当前，电商行业的客服需求主要集中在在线客服，以售前咨询和售后服务为主，由于咨询量大、重复问题多，且服务效果难以把控，因此需要通过智能客服机器人减轻人工客服的工作压力，同时提升用户服务体验，及时跟踪和把握用户服务效果。餐饮、生活消费等零售领域的用户服务逐渐从线下向线上延伸，需要智能客服系统提供随时随地的服务。同时，无论是新型电商，还是零售商，都越来越注重用户数据的积累和智能分析，应用智能客服系统能够显著提升企业用户管理水平。由于市场上的几家大型电商平台都是自主研发的客服系统，也拥有自己的智能客服机器人，智能客服公司只能聚焦垂直电商平台。此外，目前智能客服的市场竞争主要集中在企业对消费者的电子商务（Business-to-Consumer，B2C）或个人与个人之间的电子商务（Consumer-to-Consumer，C2C），从企业对企业的电子商务（Business-to-Business，B2B）领域切入的公司较少，目前仍然蕴含着很大的市场机会。

② 教育培训

目前，智能客服系统在教育行业的应用主要集中在教育培训机构以及在线教育领域，此外一些高校网站或学生服务产品也会对客服机器人存在少量需求。对教育机构来说，一方面要求在线客服产品具备访客浏览轨迹追踪和分析功能，以帮助提高销售转化，另一方面要求系统稳定、易用，且能与在线客服产品、企业内部的用户关系管理系统高度融合。

从市场情况看，中小型规模在线教育机构普遍采用 SaaS 产品，由于客服岗位对于教育培训机构非常重要，对客服系统的流程设计、数据报表分析、智能化等要求较高。

③ 金融行业

目前，智能客服系统在金融行业的应用主要在证券、银行、保险、互联网金融等细分领域。从需求上看，金融行业对数据安全性要求较高，可以采用本地部署的方式；售后则主要以用户咨询、回访为主，对智能客服机器人的准确性以及智能电话机器人的易用性等要求较高。从服务形式上看，互联网金融领域主要以 SaaS 模式为主，中大型用户续费率高，小型用户稳定性低，主做 SaaS 的公司应聚焦大中型用户。

（2）智能客服企业创新实践

随着数字化和智能化的升级，很多传统企业逐步引入智能化技术，深化落实企业内部的数字化改革。智能客服作为通用的一种技术服务，可以落地到多个行业，在智能语音领域有技术优势的公司已率先探索智能客服企业解决方案。

① “问言”：跨界云客服

“问言”是出门问问提出的智能客服解决方案，为各大企业提供智能客服机器人服务。“问言”的对话流程具备较高的灵活性、扩展性和可配置性，支持单轮和多轮交互、对话模型的水平扩展、对话模型之间的实体共享和传输、对话模型之间的自由切换、对多渠道的对话能力，并且可对语音、文本、微信等终端提供智能对话服务。

“问言”应用自然语言处理、语音识别、语音合成等智能人机交互技术，实现跨行业的智能云客服解决方案，可应用在电话呼入、智能电销、投诉建议、回访、问题咨询、业务办理等场景，支持常见问题解答、多轮对话

交互等功能，帮助企业提高人力效率、降低成本，从而提升企业核心服务竞争力。目前，“问言”为政府公共行业、银行、保险、金融、教育等领域提供智能客服机器人的产品应用与服务，有效缓解客服中心的服务压力，解决服务时间受限、操作烦琐的问题，在全面提升服务能力的同时加速信息化技术应用，提升整体服务水平。

② “会话精灵”：降本增效

“会话精灵”是思必驰旗下的“一站式”智慧升级服务中心。它基于全链路智能语音语言技术（语音识别与合成、口语理解、对话管理、知识管理及知识问答、启发式对话、声纹、情绪及语种识别等），为各级政府机构及各类企事业单位提供对话式数字员工、服务智能化和 AI 赋能三大系列产品，帮助用户快速实现对内、对外的服务智能化升级，在降本增效的同时提升服务质量、扩大服务范畴。“会话精灵”平台架构如图 3-15 所示。

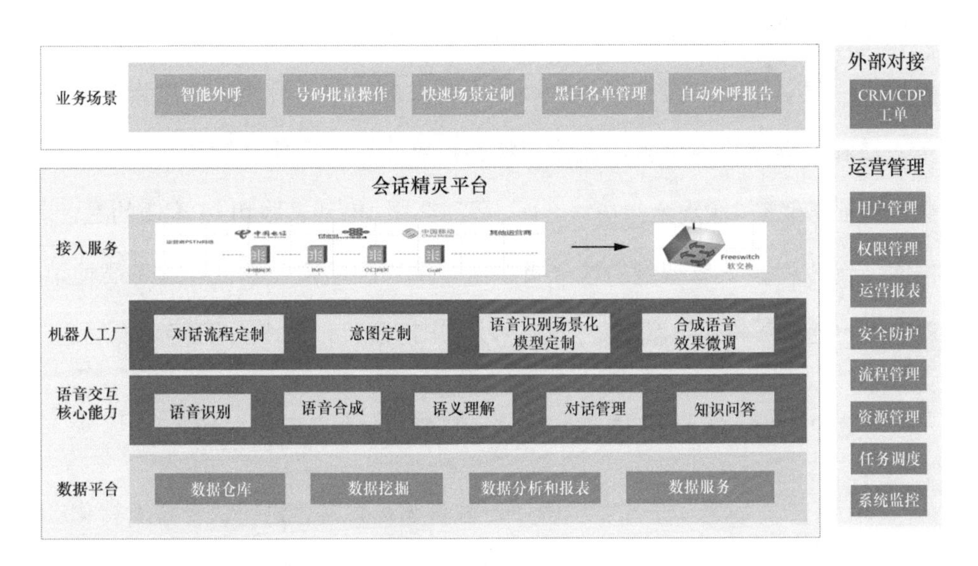

注：CDP（Customer Data Platform，客户数据平台）

图 3-15　“会话精灵”平台架构

“会话精灵”平台具有多种合成语音，适合各场景应用，在对话过程中还会添加相关暖场语之类的说话方式，保证对话质量，让用户更易接受。机器人与人工相比能提供24小时规范服务，"会话精灵"平台还提供全量数据存储、全量录音数据分析，提供统一报表。对比坐班员工，"会话精灵"的数字员工擅长处理常规、重复、大规模、枯燥的工作，能够把坐班员工从低附加值的工作中解放出来，并为用户带来更好的服务体验。"会话精灵"已为金融、房地产、餐饮、汽车4S店、零售商超、银行网点、物流等行业提供成熟的服务数字化方案，降本增效效果明显。

③"远传"：声音智能

远传科技的智能客服产品为用户建立专属的移动门户，并实现多渠道接入和多媒体交互。在线客服辅助人工快速解决问题，通过精准建模，提高用户满意度。

远传科技通过智能交互技术，提升用户的智能化运营管理水平，促进服务标准化，真正构建全方位智慧服务体系。该智能客服深度赋能银行等金融用户，随着银行的客户服务中心的不断发展，业务种类、座席人数、服务入口和受理量日益增多，远传科技通过整合对外客服资源和渠道，打通数据和业务壁垒，实现全行在线客服、移动客服、电话客服和AI客服的融合。同时，远传科技集成智能质检分析系统，解决质检覆盖率低、人工质检消耗人力、随机质检不够精准等问题，为用户打造新一代智能客服系统。

3.4.3 "AI语音+场景"：突破价值释放"最后一公里"

"AI语音+场景"于车载、医疗、教育等场景贴合进行语音技术转化应用，通过语言交互可以实现让用户方便地获取信息和服务，全方位赋能领域和场景应用，为行业提供智能化服务。

在智能车载领域，随着车联网和自动驾驶、新能源技术结合，车载环

境将成为智能产品聚集的热点领域，从头部企业到创业公司都开始从车内真实环境出发，量身定制具有语音功能控制、访问导航信息和电话呼叫等功能的智能化应用。在数字医疗领域，随着语音录入与转写的准确率和实时性的大幅度提升，智能语音已经广泛应用于临床文档改良、临床语音识别、辅助医疗质量把控等工作中，充分协助医护人员完成大量程序化工作，智能语音将推进智慧医疗发展进程。此外，智能语音还应用于其他领域，例如，智能家具、智慧教育、智慧交通等，行业需求将是推动智能语音技术向垂直领域深耕的强大动力。

1. 家居——智能语音营造智能家居新氛围

智能家居是以住宅为平台，利用综合布线技术、网络通信技术、安全防范技术、自动控制技术、音视频技术将与家居生活有关的基础设施集成，构建高效的住宅设施与家庭日程事务的管理系统。基于物联网技术，智能家居是由硬件系统、软件系统、云计算平台构成的一个家庭生态圈，实现用户远程控制设备、设备间互联互通、设备自我学习等功能。最后，智能家居通过收集、分析用户行为数据为用户提供个性化的生活服务，提升家居安全性、便利性、舒适性与艺术性，实现环保节能的居住环境。

根据 Statista 平台的数据并加以整理测算，我国 2020 年智能家居市场规模约为 4354 亿元，预计 2025 年突破 8000 亿元。从 2019 年我国各细分市场规模看，原始家电市场规模大、智能化发展早且渗透率高，在智能家居市场中规模最大，达 2822 亿元；智能连接控制和智能家庭安防市场规模分别位于第二、第三，为 364 亿元和 186 亿元；智能家庭娱乐和智能光感市场规模分别为 180 亿元和 99 亿元；智能家庭能源管理市场规模最小，为 78 亿元。随着物联网技术的完善和普及，以及人们对生活品质要求的提高，未来几年，我国智能家居行业市场规模将呈现出快速增长的趋势。

智能家居产业链的基础层主要是提供智能语音、视觉识别等 AI 技术的 AI 服务商，提供支撑底层的物联网操作系统和云服务的云服务商，以及提供通信技术的电信运营商；技术层主要是芯片、传感器等元器件供应商和通信模块、智能控制器等中间件供应商；应用层主要是提供终端产品的全屋智能厂商、传统家电厂商、智能单品厂商。全屋智能厂商可以通过企业端的销售渠道为房地产公司、家装公司等提供全屋智能解决方案，智能终端厂商可以通过用户端的线上线下渠道直接接触用户。

（1）语音智能打造"芯"生活

因为智能语音等人工智能技术对算力的要求较高，所以普通芯片难以达到其计算要求。基于此，很多厂商开始布局 AI 芯片研发，甚至针对细分应用场景设计专用芯片，以提高芯片在特定场景的计算效率。

在智能语音领域，传统芯片设计公司首先研发量产智能语音芯片，与算法公司合作，凭借自身成熟的芯片设计、产品定义和成本控制能力，推出了低成本、低功耗、可离线唤醒和语音识别功能的 AI 芯片，应用于智能家电等家具产品中，加快了语音识别芯片的落地和量产。同时算法公司与传统芯片设计公司形成既互补又竞争的格局，为了更好地落地算法开始自研智能语音芯片，推出可以加速自身算法计算的专用型芯片。

作为传统芯片设计公司，深聪智能公司研发出针对智能语音领域的 40nm、双核高性能、低功耗的 TH1520 语音芯片和深度优化的语音前端解决方案，该语音芯片支持多格式解码，其中包含 WAV、MP3、AAC、M3U8、M4A 等格式。深聪智能公司开发出一套智能语音方案，该方案包括信号处理、语音唤醒、本地和云端识别、全双工交互、就近唤醒、方言支持、多格式音频解码、空中下载技术等。

深聪智能公司的智能语音方案针对家电设备噪声进行了特殊处理，使

其产品更高效，且功耗更低。此外，该方案采用全双工语音交互技术，无须多次唤醒即可实现连续交互，并且支持语义打断、噪声拒识。该方案还支持就近唤醒技术应用，可实现设备唯一唤醒，多设备联动控制，并且适用方言、儿童、老人等群体及多语种场景。目前，基于该方案首先落地的是 TH1520 离在线模组方案。TH1520 离在线模组方案如图 3-16 所示。

TH1520离在线模组（Wi-Fi+BT）

项目	说明	功能
平台	TH1520+AW7698M	DSP[1]+Wi-Fi+BT
输入电压	5V	
对外接口	两个MIC口	驻极体MIC
	扬声器（SPK）	外接一个喇叭
	UART	与主机通信
	电源，地	模组供电
功能优势	双麦信号处理，抗噪强	针对家电设备噪声特殊处理
	低功耗	待机功耗小于100mW
	全双工	打电话式语音对话
	就近唤醒	解决多语音设备唤醒问题
	多格式解码	DSP支持MP3，AAC（M4A、M3U8）多格式解码
	自动编译平台	根据词条需求动态更改词条
	配网模式	蓝牙配网
	空中下载技术（OTA）升级	功能迭代更新

Designed by CRC

注：1.DSP（Digital Signal Process，数字信号处理）

图 3-16　TH1520 离在线模组方案

作为语音算法公司，科大讯飞同样积极研究智能语音芯片，联合合作伙伴推出专用语音芯片 CSK400X 系列，该芯片是为家电行业量身定制的，采用了自主设计的 AI 加速器，算力达到 128GOPS/s。该芯片将深度学习、神经网络算法与话筒阵列相结合，解决家居中的噪声问题。此外，该芯片还植入了科大讯飞的全栈语音功能，涵盖降噪、回声消除、语音分离、本地和云端语音识别、本地和云端语音合成，以及在线全双工交互功能。目前，该芯片应用于对家电智能模组的专门制订，提供功能多样、效果领先、高性价比的定制化方案，能够让家电使用低成本集成和高水平的智能语音技术。

（2）电视机语音大屏畅聊

随着家用电器的智能升级，在家居场景下，电视机已经成为商家在智能家电入口的必争之地，各大厂商对电视机的功能和附加属性做了很多扩展和升级。国内电视机每年出货量接近5000万台，语音功能覆盖率达60%以上。其中，远场语音电视机中的远场语音通话已经成为标配，可以满足更多用户的居家社交及办公需求，极大地提升居家社交体验，改善居家办公效率。

众多企业中，思必驰针对智能电视机，全新打造了一套可以满足远场语音视频通话的技术方案，应用了ASR、TTS、信号处理等基础语音交互技术。电视机远场语音视频通话方案可依据家居实际使用场景，为用户提供高质量的语音视频通话体验。该方案使用的核心技术包含多通道回声消除、远场语音降噪、远场语音自动增益控制、远场声源定位、语音唤醒等。

该方案已落地多款品牌电视，提供高清通话，在观看电视的同时为用户提供陪伴服务，提升了用户的居家生活体验。此外，该方案还可以在家居场景中满足多人社交会议交流需求，并能实现电视场景中边看电视边聊天的社交电视需求。该方案不仅满足居家社交需求，同时也满足居家远程办公需求。

（3）智慧家庭生态平台

随着智能家电研发种类、生产数量的不断增加和智慧家庭理念的不断深入，单个家庭拥有的智能家电数量不再局限于一两个。每个智能家电配套特定的App操作对用户来说是烦琐和耗时的，如何系统地管理和控制家庭范围内的智能家电是企业需要着重考虑和解决的问题。

海尔智家公司推出海尔智家App，可以管控旗下各类智能家电，成为家庭智慧生活入口，为用户提供全流程、全生命周期的服务，全面提升用户生活品质。该平台以“云”体验、全链路服务、个性化智慧终端，实现

交互、体验、销售、服务全流程一体化。

海尔智家 App 可应用于晨起、离家、回家、休闲与休息五大场景，该 App 提供海尔智能家电的接入绑定、状态查看等在线管理，支持智能控制、信息查询、能耗管理等家电智能操作，并提供摇一摇语音控制，通过摇一摇可唤醒 AI 语音助手小优控制家电，以及完成查天气、找食谱等日常任务。

除了关注普通用户，海尔智家公司还围绕老人的需求设计相关解决方案，真正实现让老人享受智慧带来的便捷、舒适的生活体验。例如，针对很多老人不会用洗衣机、晾晒衣服困难等问题，海尔“衣联网”带来智慧洗护场景，老人只需要说句话就能实现语音控制洗衣，同时洗烘完成后配合自动晾衣架轻松晾晒，十分方便。相似的“食联网”“空气网”“水联网”“娱联网”等可以为老人提供饮食、起居、空气、用水、娱乐方面的智慧场景解决方案。

2. 教育——智能语音助力实现智能教育模式多元化

智能教育技术应用模式的推进，对于消除城乡教育鸿沟、消除贫困代际传递，推动我国城乡教育均衡发展提供了技术化手段。当前，智慧教育引入智能语音等人工智能技术，有效增强教学互动性和评估有效性，切实帮助提升教学质量。智能语音技术在智能教育领域的相关落地应用，可减轻当地教师的教学负担。例如，翻译笔能够大幅提升学生的自学能力，除此之外，语音识别、语音翻译可以助力口语评测等场景，科学评估学生的学习成效。

智能语音在教育领域的应用主要围绕教育体系下“学、练、测、评”等核心需求，包括智能语音训练与评测、互动教学等。

（1）考试降噪耳机——听得清、懂得快

新冠肺炎疫情对人们的生产和生活方式造成影响，在这种情况下，声音通信和处理质量的重要性不断凸显。在线教育场景中，老师和学生对降噪设备的需求凸显。例如，当老师给学生在线上课，或者学生在家上网课时，来自周边环境的各种噪声会被带入课堂，从而影响教学效果。

针对在线教学中的噪声问题，索尼、小米等厂商均推出降噪耳机，有效滤除环境噪声，为使用者提供安静的环境。其中，黄鹂智声智能降噪耳机将语音降噪技术应用于听说教学与考试专用耳机上，有效提升学生在线教育和考试的效率和效果。该耳机利用聆声智能声音前端处理技术，与其他技术将声音前端处理视作独立的子系统并逐级连接不同，它从人们听觉的生理和心理角度出发，创新性地将话筒阵列、听觉场景分析、深度学习和伽马通（Gammatone）滤波器组等技术相融合，形成完整并具有针对性的声音前端智能处理方案，实现噪声抑制，混响消除，阵列增益，目标声信号分离、跟踪、增强等功能的统一，在降噪的同时对目标声音进行提取，从而在实现高降噪的同时保证目标信号的低失真。

（2）口语测评——智慧课堂因材施教

我国逐年重视加强语言教育，教育部于 2017 年 9 月提出“加强学生口语教学和评价，提高学生口语表达水平”的要求，并逐步推动开展中小学学生口语水平评价工作，从学生普通话水平入手，评价中文口语表达能力，提高中小学生语言文字规范意识。随着口语表达能力得到社会各方面的广泛关注，口语表达测评与培训在教育行业的师资投入占比也越来越重。然而如何客观合理地评估学生的口语表达能力一直是行业的一个难点，目前，普遍的解决方案是利用人工进行“1 对 1”的评估，不仅耗时长、效率低、普适性差，而且还存在主观性强等缺点。

引入智能语音等人工智能技术的智慧考试平台分为英语听说教考平台、智能评卷系统和英语听说智能模拟测试系统。口语化测评服务采用智能语

音和语义分析技术，是集英语听、说、教、学、考、评于一体的区级教学、考试综合解决方案，实现了系统的全自动评分与反馈指导，增加了系统的趣味性和互动性，可以帮助学习者进行个性化学习，极大地提升了学习效率。随着新高考改革方案和国家英语能力考试改革的推进，语音评测技术的需求将会大幅增长。

针对语音测评，科大讯飞推出“英语听说教考平台”，对学生的口语训练和写作进行准确的评测，并给予“1 对 1”的及时纠错和改进提示，帮助学生从一开始就跟着标准学、按照标准练，更快地提高口语表达能力。该平台提供丰富的教学资源和考试资源，支持组织区级联考、校级模考和班级日常测试；帮助教师开展英语听说课堂教学活动，支持学生进行个性化自主学习；自动汇总统计学生的考试记录和学习记录，形成考情分析报告和学情分析报告，辅助教师进行教学研究和教学决策。

好未来 AI Lab 打造了儿童口语表达能力评测 AI——“Dolphin”，基于自主研发少儿语音识别技术和多维度口语表达评测算法，将 AI 算法与教育理念结合，综合评测 3 ～ 14 岁孩子的口语表达能力。AI 算法可以从流利度、情感、内容相关度、语意逻辑、语言运用等维度，给出评分和提升建议，帮助孩子了解自身的口语表达水平，并进行针对性的训练和提升。“Dolphin”应用了语音识别、语音情感计算等语音领域算法，包含中文和英文两个适用场景，已应用于各类口语表达活动评测（例如，讲故事比赛、主题演讲练习 / 比赛）、幼升小入学测试（表达力测试）、口语作业练习评价工具等。

（3）互动教学——提升课堂生动性

目前，我国教育信息化建设历程已进入融合创新阶段，用户的学习环境和学习方式发生了根本性转变。后疫情时代，在线教育行业迅速发展。网上学习正在成为各国政府、教育机构和企业认真对待的事物，随着信息化深入到教学的各个方面，教学模式也在发生转变，转型过程中面临诸多问题与挑战。其中之一是教学互动质量不佳，在线授课难以兼顾学生个性化的互动需求，师生互动次数受限。对于老师来说，如何使用新技术来完成线上课堂，将线下的互动感在线上进行提升成为关键。

针对这一问题，腾讯云探索推出智慧课堂互动教学工具，为老师和学生提供包含语音转写、语音弹幕、要点提炼等功能在内的在线学习服务，使线上课堂更高效，避免遗漏重点内容，贴合年轻学生使用偏好的语音弹幕功能有效提升了学生的课堂体验感。除了实时课堂，考虑到大量录播视频课程缺少字幕，影响学习体验，腾讯云依托语音识别技术为教学视频、讲座视频等添加字幕，使上课视频更优质，更容易被学生领悟。

3. 交通——智能语音交互推动汽车智能化、互联化、个性化

随着汽车技术日趋智能化、互联化、个性化，安全辅助驾驶系统和车载信息服务系统正在逐步成为车载智能的亮点。智能车载场景常见的人机交互方式有按钮、触控、语音及手势 4 种，其中语音对驾驶者的干扰最小，流畅度最高，可达到的准确性较高，是人机交互的优选。依据《2019 年中国智能语音行业研究报告》，60%的用户使用语音助手的原因是双手和眼睛被占用，同时 56%的用户更倾向于选择有声控功能的导航系统。智能车载设备市场目前处于高速发展期，智能语音有望成为车载系统标配。

全球语音技术公司 Nuance 在 2019 年 10 月 1 日分拆其汽车业务，致力于将下一代语音和车载市场相结合，并以此为核心赋能未来出行。在国内，垂直型技术公司，例如，思必驰、傲硕科技、云知声等，更多的是直接和车企合作，或以智能车载硬件的方式切入市场。

车载语音交互技术包括多话筒阵列降噪、多语种识别、AI 对话式交互、语音识别、语音合成、垂直搜索、音频音效处理等技术，实现汽车“能听会

说”。车载语音交互技术通过融合生物识别及认证、机器视觉处理、图像识别、自然语言理解、机器翻译，并结合大数据及云计算等技术，还能够让汽车“察言观色”“能理解会思考”。此外，汽车作为终端，可以深度整合优质的互联网热门信息和汽车出行服务资源，让驾驶体验更有乐趣。

汽车产业未来最重要的发展方向之一就是智能化，在这个过程中，智能交互一定是不可或缺的模块。其中，语音交互又是智能交互模块中重要的一环。未来，智能语音交互将有更自由、更灵活的语音交互方式，多模态结合形成主动语音，通用语言模型识别更趋近真正的智能交互，并且与自动驾驶充分结合。

（1）车载智能随问随答

在车载环境中，用户的双手被限制在方向盘上，不能像日常生活中一样自如地操作界面。在高速行驶中需要切换路线时，如果没有语音交互功能，用户只能腾出手来设置导航系统，这在高速行驶中是非常危险的。通过语音交互系统，用户可以简单地告诉该系统自己要去哪里，系统就能识别地点并为用户直接导航。此外，如果用户在语音交互系统中设置了家或者公司地址，还可以简化语音交互过程，直接说“回家”或者“去公司”就可以开始导航。智能语音使用户通过简单的语音交互操作即可实现控制触摸屏幕，从而提升车载环境中的用户体验。

例如，为了解决车载场景中的交互任务，出门问问公司将语音 AI 技术搭载在大众汽车车联网智能语音交互系统中，覆盖了大众集团在国内的主流车型。该系统功能涵盖了语音交互中的唤醒、快词、语音识别、自然语言处理、语音合成、垂直搜索等全栈语音技术，应用场景包括导航、听音乐、接听电话等。

用户可以使用唤醒词，唤醒智能车载交互系统，不仅可以用中文和系统交互，还能用英语、粤语、四川话等进行交互，同时，用户可以根据自己的音色喜好选择不同的发音人。语音交互的主要功能包括车辆控制、语音导航、信息查询等，满足了用户在行车过程中主要场景的需求。

与出门问问公司相似，思必驰公司基于车载场景打造了一套可快速定制的车载语音交互系统——天琴车载语音助手，该语音助手可以为广大前后装车厂提供快速定制、语音赋能，提升车内生活智能化水平。

天琴车载语音助手采用 ASR、TTS、SDS 等语音交互技术，以及导航、音乐、电台等内置功能，根据实际使用场景，为用户提供安全的车载语音体验。该语音助手应用功能覆盖语音唤醒、语音控制、闲聊、TTS 音色切换、对话交互、多音区定位、声纹识别、性别识别等。

天琴车载语音助手已与多家主流车厂合作，该语音助手用自然的语音交互完全替代传统的车机操作，使车载语音交互成为新车标配，提升了用户在驾驶和操作中的智能体验。

（2）车载操作系统搭建终端 App 生态

汽车作为移动终端，随着车载芯片的不断发展，汽车可以像手机一样根据用户的喜好安装不同种类的 App，用于用户的学习沟通或者休闲娱乐。针对各种各样的 App，汽车需要一套系统来管理数据资源、各种硬软件，并且控制 App 的运行，维持车载终端生态运行。开发车载操作系统可以实现这一功能，其与车控操作系统同属于汽车操作系统，但并不管理车辆动力、底盘、车身等基础硬件，而是一个管理和控制车载软件、硬件资源的程序系统，支撑了汽车的上层软件开发、数据连接等。

对比手机操作系统，对于智能汽车产业来讲，把握车载操作系统意味着可以以此构建出更大范围的价值链路和生态圈层。除了各类企业开始拓展车载操作系统领域之外，新型智能汽车厂商也在基于操作系统打造自己

的车载系统，直接应用于其汽车制造。谈到车内智能，车内人机交互的核心应用部分是语音系统。当人在开车时，由于通过触屏进行人机交互是极其麻烦和危险的，所以车内智能的第一个核心目标就是实现以语音交互为核心的感知融合交互。

针对车载操作系统，互联网公司凭借多年积累的技术财富，很早便开始拓展车载操作系统，试图把握智能汽车生态。阿里推出 AliOS，以斑马智行为落地产品渗透汽车行业；百度推出小度车载系统，与其自动驾驶平台 Apollo 协同呼应；腾讯推出“AI in Car”方案，与长安汽车组建合资公司推动整体方案落地。这些操作系统集成语音交互、云计算等多项能力，为 App 提供了良好的运行环境，并保证了人机交互。

（3）智能情绪识别助力汽车成为行驶“伴侣”

随着人均汽车拥有量的不断提高，驾驶员疲劳驾驶或者情绪激动时引发的交通事故屡增不减，这让很多家庭支离破碎。未来的汽车应当更加关注驾驶员的需求，关注驾驶员的情绪变化，并通过语音交互等方式提醒或者调节驾驶员情绪，保证车辆安全驾驶，减少因驾驶员情绪问题引发的事故。此外，驾驶员的情绪引导可以改善车内环境，而且这种改变是轻松舒适的，可以提升车内人员的乘坐体验，使汽车成为驾驶员的“伴侣”，而不是僵硬的代步工具。

已经存在利用传感器、方向盘感知疲劳，通过座椅提醒驾驶员调整状态等技术安全手段，这些领域被率先尝试，但交互效果并不理想。近年来，智能语音等技术不断发展，并具有自然的沟通模式，可应用到驾驶过程中的情绪识别。Affectiva 公司的系统采用了一个聚焦于驾驶员面部的摄像头，以对人类面部决定情绪表达的部位进行识别。通过对驾驶员面部表情的分析和训练，其深度学习模型可感知人类悲伤或愤怒的表情。通过驾驶员情绪识别结果，汽车可以在驾驶员疲劳或情绪不稳定时通过语音提醒驾驶员调整情绪，也可以自动开启车内灯光、娱乐设备等调节驾驶员的情绪。除了人脸识别驾驶员的情绪外，越来越多的学者开始投入语音情感识别领域，试图通过车内交流判断驾驶员情绪，实现其“伴侣”作用。

未来，车载情绪识别系统将和自动驾驶等技术深度融合，在驾驶员情绪不满足安全驾驶要求时开启辅助驾驶功能，保证行车安全，降低发生交通事故的频率，提高驾驶员的驾驶体验。

4. 医疗——AI 智能语音成为医生“好帮手”

随着人们对高端医疗服务需求的不断提升，医学、工程学、机器人学不断取得突破，数字医疗、穿戴式医疗、新型材料及智能算法等新兴技术与医疗领域的结合日趋紧密。其中，智能语音在智能医疗领域起着重要作用，能够作为语音导诊机器人帮助患者分析症状、个性化地推荐就诊指导，并提供电子病历语音录入与转写、临床报告语音录入与转写功能，提高医生的工作质量。

根据《2020 年中国智能语音行业研究报告》，2018 年，Nuance 公司在医疗业务上的收入为 9.9 亿美元，占公司总收入的 48%。相较而言，我国智能语音市场中 2018 年医疗业务仅占 0.7%。这主要是由于美国医疗机构以私立为主，对医疗信息化关注度更高；我国医疗信息化发展目前处于单点式推进状态，短期内推进速度比较平稳。不过，智能临床决策支持系统和电子病历语音录入等应用与医疗信息系统集成、分级诊疗、医保控费、民生建设等有直接关系。如果相关政策引导加强、医疗数据标准建立和医疗数据跨机构整合推动加速，则有望加速我国医疗业务体量扩展。按照现状估计，预计到 2022 年，我国电子病历语音输入累计覆盖近 1600 家三级与二级医院（付费数、渗透率分别为 36%、4.5%），将使 180 万名医生受益。

根据《2020 年中国智能语音行业研究报告》，智能语音在医疗公共服务领域应用的市场概况如图 3–17 所示。

2016—2018年美国智能语音公司Nuance
营业收入结构

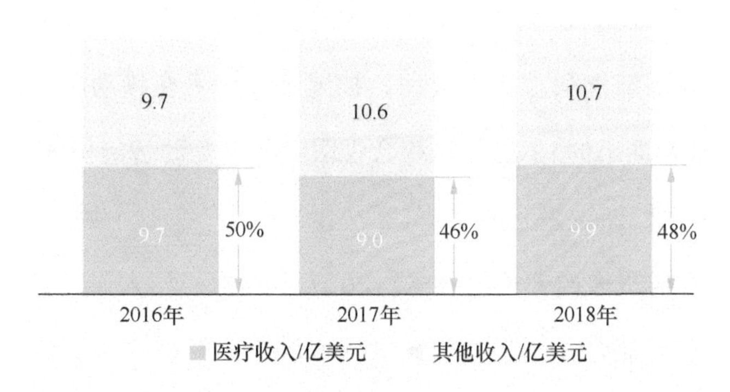

2018—2021年中国智能语音在医疗健康领域
市场规模及细分结构

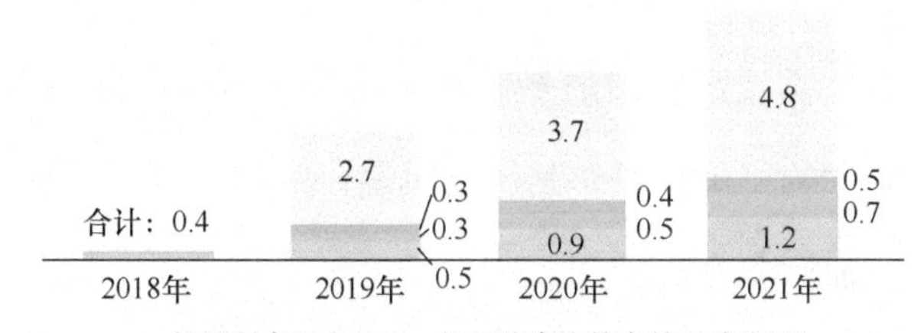

资料来源：《2020 年中国智能语音行业研究报告》

图 3–17　智能语音在医疗公共服务领域应用的市场概况

从 2009 年开始，我国智能医疗进入信息化建设全面启动期。近年来，医疗信息化市场规模不断增长，从 2010 年 124.7 亿元上升至 2017 年 375.2 亿元。国际机器人联合会（International Federation of Robotics，IFR）统计数据测算，2018 年中国智能医疗机器人市场规模达 34 亿元，预计到 2025 年，中国智能医疗机器人市场规模将突破百亿元。目前，智能技术在医疗行业应用状况方面，有意愿使用人工智能技术的占比已达 78.5%；

在应用速度方面，76.4% 的人认为人工智能技术会在医疗行业广泛使用。

我国智能语音系统在医疗行业中的应用涌现出一批代表性企业，例如，云知声的智能语音录入系统已在全国近 200 家医院得到应用，语音识别准确率达到 95%以上。2017 年 12 月，平安好医生宣布与云知声成立合资公司——上海澔医智能科技有限公司，扩展语音技术在移动医疗市场上的应用。小 i 机器人推出的“小爱”是综合性医院咨询互动智能机器人，于 2017 年 12 月在上海仁济医院正式上岗，“小爱”采用“线上 + 线下”立体服务，可提供导航、科室咨询等常见服务。2017 年 4 月，科大讯飞与北京协和医学院签署全面战略合作框架协议，共同推动人工智能在基础医疗研究和临床方面的应用。

（1）智能语音协助维护手术室质控安全

医院手术室需要严格的质量管控和流程管理以保障手术安全。人工管控过程存在较大的不确定性，易出现纰漏，经常出现错误使用手术室资料、器材给患者带来隐患的情况。

为保障手术室安全以及协助管控手术室流程，思必驰公司基于自身智能语音技术，结合智慧医疗知识能力，推出手术室智能助理，采用 ASR、TTS 等语音交互技术构建的语音交互系统。该手术室智能助理通过声纹识别身份核查技术，对进出手术室的人员进行管控，进一步保证手术安全。并且该手术室智能助理解决了手术室内传统信息化无法解决的安全质控流程的管理，包括手术器械清点和三方核查两项关键流程，结合实时获取的患者住院记录信息和手术室麻醉护理信息，完成手术室关键安全核查流程的闭环管理。

（2）智能语音辅助患者线上线下问诊

在传统模式下，患者就医需要到医院完成挂号、问诊、检查、取药、缴

费等流程，这些流程较复杂，对于不熟悉这些流程的人来说存在一定的困难。除此之外，随着社会压力的不断增加，线下诊疗不利于工作强度较高或者不便出门的老幼病残群体，线上诊疗的需求也逐渐显现。

为提供便捷的线上诊疗并深化线下诊疗智能化改革，科大讯飞搭建智联网医疗平台，为居民提供线上线下全过程便捷智能的就医服务，提升患者就医体验，促进优质医疗资源下沉基层，建立上下贯通的医疗协同体系，促进区域医疗资源均衡发展。科大讯飞搭建的智联网医疗平台提供在线图文、语音、视频咨询、网络门诊、合理用药等功能，使患者可以足不出户进行线上问诊。该平台具有智能语音助手等功能，智能语音助手辅助患者完成就医流程，对患者就医过程中的疑问进行解答，提升患者就医体验及效率。

除了线上诊疗之外，语音机器人同样广泛应用于线下医院，为患者提供导诊及回访服务。康策 Kmy 智能语音导诊机器人可以通过语音和触屏方式回答患者提问，其语言、行为及流程规范充满“耐心”，为患者提供智能对话、智能引导、智能咨询、寻医问路导航、健康宣教等服务。智能语音导诊机器人有效减少了医院工作人员的压力，辅助患者方便快捷地完成问诊。在回访阶段，易米云通等公司通过自主研发的 AI 智能语音产品——米话智能语音机器人为多家医院提供就诊回访服务。通过语音识别、语音合成、自然语言理解等技术，智能语音机器人可支持多轮对话，满足多种医疗外呼场景需求。

（3）语音病例助力医疗资源效率优化

在传统就医流程中，医生需要根据患者的问诊编写病例，电子病例需要人工进行文本录入，更传统的病历则需要医生书写记录，对医生的工作效率和患者的理解都非常不利。

针对这一痛点，百度依托医疗语音识别、医疗自然语言处理等技术，打造安全、先进、可扩展的一体化医疗语音能力应用，为医疗多场景提供高准确率的语音录入、语音指令、关键医学要素提取、术语归一等功能，以提升医疗服务质量、优化医疗资源配置。该智能平台依托自研的拾音阵列，分为单人模式和双人模式两种形式，可通过软件设置实现高效快速切换。单人模式即目前较为常见的医疗语音输入法，支持医生个人通过口述的方式书写病历。双人模式即通过医生患者双方语音的转写，高效提取医患沟通对话中的关键信息，最终自动生成病历，提升病历的录入效率。

搜狗AI开放平台、科大讯飞智联网医疗平台也提供了语音病例服务，语音病例可以对医疗关键词进行识别，符合医疗场景；对录入场景设置了降噪功能，保证病例记录的准确率。

语音病例将医患多方语音对话精确转写为文本，自动生成结构化的电子病历：一方面节省了医生书写病历的时间，提高了工作效率；另一方面患者可轻松了解病历等信息。

5. 媒体——AI赋能媒体音视频技术创新发展

随着音视频行业的爆发及智能语音技术的日渐成熟，“语音—文本”双向转换技术在媒体中的应用需求越来越强。目前，不仅是短视频创作者，儿童读物、有声书、文学阅读等平台也在进一步强化语音功能，而其中AI语音的比重势必越来越高。AI语音作为一种效率工具，在未来的有声内容创作中，必将发挥越来越大的作用。例如，将语音识别技术应用在采编环节中，将采编内容生成文本稿件并进行二次编辑；运用人工智能语音编译系统，将现场的语音报道生成文字版，提升了编辑人员整理工作的效率；将媒体的音视频内容转化为文本素材，提升了媒体稿件、节目素材管理的效率。

（1）智能创作机器人助力新闻传播

针对新闻采访、大型会议记录过程中烦琐的人工整理记录工作，衍生

出智能创作机器人这一工具。智能创作机器人不仅能够现场自动采集文字、语音、视频等素材并自动进行整理，智能提取其中有效的内容，还可以一键检索全网相关的热点资讯，并自动汇总、梳理背景信息。除此之外，智能创作机器人能够自动编写各地区、行业热点聚合新闻，提升采写编辑效率，让新闻更具时效性。有些智能创作机器人甚至可以实现音视频智能处理功能，完成视频直播剪辑、4K 在线快编、视频横屏转竖屏等音视频操作，更适应短视频传播生态，为优质内容创作提供强有力的支撑。此外，智能创作机器人还具有自动制作视频的功能，只须上传新闻图文稿件，AI 技术就能自主提取其中的关键信息，并自动制作视频，大幅提高了新闻视频制作与剪辑的效率。

2021 年“两会”期间，人民日报智慧媒体研究院应用研发的集 5G 智能采访、AI 辅助创作和新闻追踪多重功能于一体的人民日报智能创作机器人在新闻采访、辅助创作新闻稿和新闻点追踪等方面发挥了很大作用。在“两会”新闻追踪时，人民日报智能创作机器人不但随时可以追踪全网热点新闻和舆情，提取并添加关键词，“一站式”接收网站、App、微信、微博等新闻平台实时新闻推送，而且可以即时提醒最新消息，做到及时、准确和高效地完成新闻搜索与关注。

（2）合成智能配音提升泛娱乐化体验

相比传统的人力配音，应用智能语音技术的智能配音因其开发的边际成本效益以及不限时间的语音合成，其成本可实现数量级提升，目前主要可服务以下三类人群。

① 短视频内容创作者

大量短视频内容创作者因为自生的声音不好听、普通话不标准等问题，衍生出配音需求。

② 有声书主播

之前有声书主播一般是配音演员或主持人。随着有声书市场的兴起，用户对有声内容消费的需求变得更多元化，原有的主播不再满足内容需求的增长，需要使用 AI 配音，将有趣的内容转换为用户喜欢的有声书，此时，有声书主播应运而生。

③ 出版社和杂志

传统出版社可以借助智能配音，快速实现从纸质媒体到融媒体，尤其是智媒体（智媒体是用人工智能技术重构新闻信息生产与传播全流程的媒体）的转型。例如，出版社可以将书籍制作成有声书，上传到微信读书、喜马拉雅等平台。

针对智能配音业务，智能语音企业和互联网公司开始拓展相关领域。智能配音为实现自然拟人发音，需要解决分词、多音字、韵律预测等重要问题，进行大规模、高质量的数据标注，同时利用基于端到端深度学习的声学模型和声码器、语音合成、多说话人合成技术等，提高配音合成质量。智能配音提升了内容创作者的生产速度和品质，让创作更简单、更高效、更优质，帮助创作者吸引更多的关注者和点赞量，从而获得更高的成就和实现更大的价值。

目前，诸多企业参与智能配音行列，例如，出门问问上线的魔音工坊定位为高端配音，具有简单、易用的交互和创新的编辑功能，并且根据不同用户需求提供上百款配音类别，迅速在智能配音领域大放异彩。科大讯飞推出的讯飞快读，支持普通话、粤语、四川话等语言，支持停顿和多音字；抖音等短视频软件推出配套的短视频剪辑软件，这种剪辑软件提供根据文字转化为语音的功能，深受广大短视频工作人员喜爱。

（3）智能编辑构建传媒新模式

在日常生活中，用户有时需要根据自身需求查找历史播报内容，或者

对播报过程中不懂的内容进行检索。针对这一需求，百度智能云创新媒体表达和传播方式在其智能化产品和服务——人工智能编辑部中推出 AI 主播。在 AI 主播场景下，用户可以语音提问，并通过即时搜索边看边学。在传播过程中，AI 主播打破原有传播的单一维度，增强互动性和代入感。

此外，人工智能编辑部的产品“帮你找”通过输入音频，根据音频声学特征，搜索其所在的视频和音频，不仅能够全面优化用户寻找视频的体验，还可以把上百万小时的内容准确地推荐给用户。

6. 金融——语音技术融入智能营销和运营

随着智能技术的发展及优势展现，各行业都在积极引入智能技术进行数字化改革。在金融场景中，传统的业务运营模式存在诸多弊病，以营销为例，根据相关从业人员反映，随着公司业务的不断拓展，电话销售人员的业务量也在不断攀升，出现了工作能力与企业业务发展速度不匹配的情况。另外，电话销售工作的业务压力较大，导致电话销售人员的工作持续性欠佳，行业人员流失量巨大，企业招聘困难，且新员工培训上岗周期时间长、上手慢、对公司业务不熟悉，这些均为金融企业面临的不利因素。在实际工作方面，电话销售人员将大部分时间用于筛选意向客户，但其中真正有质量的通话少之又少，这样的筛选无异于大海捞针，找到意向客户所花费的时间、人力、精力成本非常高。

在这样的业务背景下，金融行业通过引入智能语音技术，减少电话销售人员的重复性工作，将省下的人力资源用于更有价值的工作，大幅提高企业的运营效率。例如，之前提到的智能语音机器人为金融行业的外呼拓客环节提供了新的解决方案，用智能语音机器人代替原有的人工电话销售，通过智能化的流程引擎以及 AI 语音技术，根据名单电话，同时通过意图识别程序对客户的购买意向、用户画像进行对标，这种方式无论是直接转化还是名单筛选，都能在提高拨打效率的同时，降低人工成本。人工座席和智能语音机器人外呼拓客的情况如图 3-18 所示。

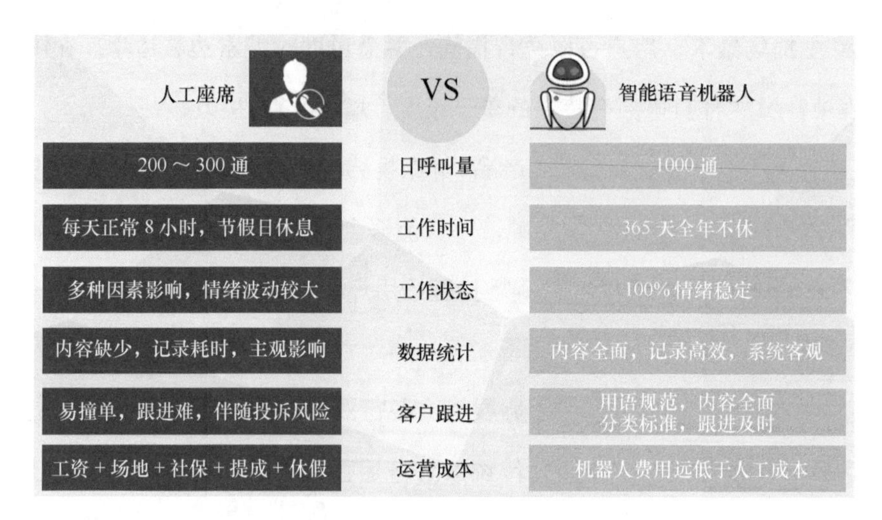

图 3-18　人工座席与智能语音机器人外呼拓客的情况

（1）手机银行刷“声”认证

除了智能语音机器人，声纹识别技术也广泛应用在金融领域的身份认证上，多特征融合、声纹鉴伪及意图检测等方法的有效结合降低了金融领域应用过程中的风险，覆盖的应用场景越来越广。结合人脸识别、密码登录、声纹识别中的多种技术可以进一步提升认证的安全性。

截至 2019 年 4 月，中国建设银行手机银行声纹活跃用户数量达到 182 万（数据来自 2019 年 “声纹识别产业发展白皮书”），声纹注册用户模型数量呈增长态势。动态声纹密码身份认证系统架构与流程如图 3-19 所示。

目前，声纹识别身份验证主要用于手机银行登录、手机银行转账 / 汇款、ATM 机声纹取款、信贷风控、更换绑定设备等场景。通过对动态密码语音中的密码内容及请求人身份的双重识别，实现对操作人身份合法性的双重验证。需要认证时，系统会随机产生一组动态码（例如，6 位或 8 位数字）要求用户朗读，系统对用户读出的声音进行语音识别并将识别的内容与发

出的动态码数字进行比对，同时系统对用户的发音进行声纹比对，两种认证手段都通过时，系统才会判断出比对成功，系统通过。2016 年，基于清华语音和语言中心的声纹识别技术和语音识别技术，得意音通推出声纹识别用户身份产品。声纹识别用户身份产品架构如图 3–20 所示。

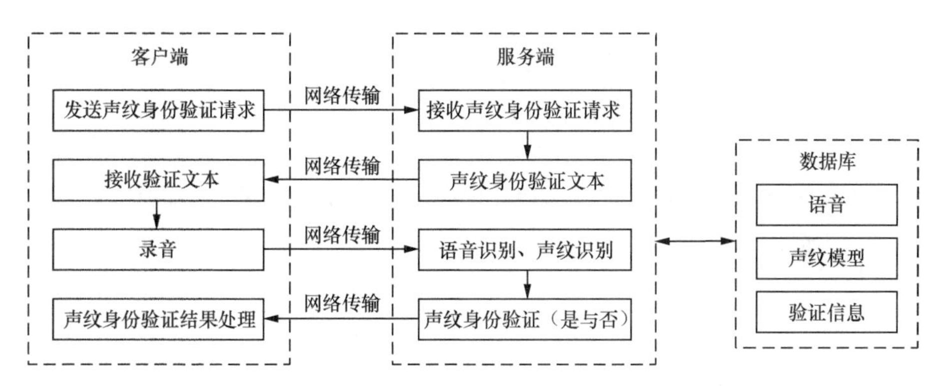

图 3–19　动态声纹密码身份认证系统架构与流程

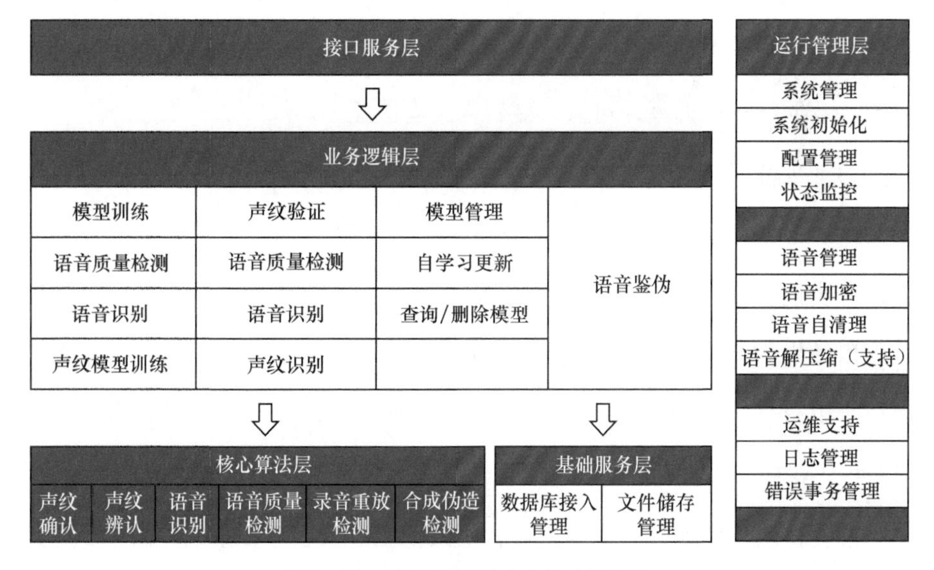

图 3–20　声纹识别用户身份产品架构

（2）智能催收新策略

催收是银行的重要业务之一，即用户为满足其约定还款等操作时，银行对其进行的一种催促行为。人工催收需要耗费大量的人力，成本高昂、效率低下，而智能语音技术引入催收业务，能够并行处理催收工单，提高催收效率。

针对金融机构的催收业务场景，产生了可快速定制的智能外呼催缴系统，帮助银行对信用卡逾期用户进行自动外呼催收，并实现对外呼过程关键信息的采集。该催缴系统依据银行用户实际场景、个性化用语，基于AI智能技术（ASR、TTS、SLU、NLP等）、大数据分析等技术，通过定制化场景配置，提供批量级外呼提醒逾期客户、多样化催收、智能应对策略、沟通过程及快速生成报表的服务。

智能外呼催缴系统主要服务银行等金融机构，可依据用户需求进行多样化用语设置，定制策略引导还款，有效提升催收成功率。同时，该系统具备丰富的语义意图，配合语义打断，迅速识别与应答各类回复，例如，质疑、求情、找借口，甚至威胁、欺骗等。该系统可针对用户不同态度及时进行回应，减少用户投诉率，可大大减轻人工客服压力。

（3）金融"智能语音"服务

除了语音身份认证及传统业务赋能，手机银行App中的触控操作和人工客服也逐步向语音控制及语音客服转变，用户与App进行语音交互控制App相关操作或者咨询相关问题。相比于传统的触控操作，语音交互可为用户提供自然的交流模式，用户可以在完成其他事务的同时用语音给手机银行提供指令，提高生活效率。

百度智能云集成其先进的语音和语义模型以及多年积累的金融知识，通过深入洞察用户的交互模式，创新推出智能语音银行。智能语音银行不需要键盘输入交互就可使App服务进入纯语音阶段。用户在使用App时，以对话的形式指导App进行相关操作，达到与线下人工操作相似的体验。除

此之外，智能语音银行通过辨“声”识人，在语音交互的过程中，保障 App 使用的安全性，识别准确率达 90%。

微众银行推出在线智能客服全力支撑金融业务，作为一家互联网银行，微众银行未设置营业网点和柜台，完全依赖在线客服系统指导用户办理业务。微众银行自研智能客服系统支持微信公众号、App、H5 等多种接入渠道，具备基于联邦迁移学习的对话系统框架、独特的客户情绪发现能力以及知识库自学习能力等。目前，在线智能客服系统已为微众银行十余项业务提供在线支持，以微粒贷业务为例，97% 的用户会话由智能问答引擎完成，有效支撑了海量客服需求，极大地节约了人工客服的座席成本，并达到 95%的问答准确率，提升了用户体验。

7. 安防——声学智能为智慧安防提供多元的技术解决方案

在智慧安防领域，人工智能技术助推行业智能化的快速发展与变革，尤其是在视频监控领域，人脸识别、目标跟踪等智能化技术在智能安防系统中得以广泛应用。但是单纯依靠视频采集能力和人工智能图像算法模型，不能应对所有安防场景，例如，出于隐私保护而无法布设摄像头的特殊场所，非视觉感知监控技术的研发与应用就显得尤为重要。声学智能通过对语音、环境及其他声音等信息的智能化分析处理，可以很好地与视觉监控形成技术互补，填补智慧安防领域的检测与预警空白，提高智慧安防效果，助力安全防卫，提高社会治安水平。

（1）语音和声纹识别监测预警保障校园安全

校园智慧安防的建设是确保国家长治久安、人民安居乐业的重要一环，为实现和谐稳定的教育环境，必须形成智能、智慧、联动的校园安防机制，进而为下一代健康成长提供坚实的基础。

人民资讯报道，2021 年 8 月 14 日，安徽歙县一名女生在厕所被多人殴打的视频在互联网上传播，目前警方已立案调查。如果不是现场有女生用手机录制视频，那么此类校园欺凌事件很难在第一时间被发现和传播。实际上，有关部门针对此类未成年人被欺凌的事件，已连续出台相关措施并完善相关法律，严厉打击此类事件。但是在公共卫生间、校园宿舍等私密空间，由于无法部署视频监控设备，所以在早期发现和预警方面，目前还没有很好的解决方法。

非视觉检测设备是基于语音识别和声纹识别技术，具备监测和预警效果的智能安全硬件，可广泛应用于智慧校园、智慧社区和智慧景区等对隐私保护要求较高但存在险情的场景，起到事前预警和事中干预的作用。例如，数海信息智能校园安防平台能够实现异常险情的关键词语音监测与识别，通过对环境声音的分析来判断环境状况，实现多种方言的关键词识别，包括现场慌乱、人员惊叫、大声呼救、玻璃破碎等声音。同时，通过AI环境识别技术划分当前情况的严重程度，进行及早预警，降低险情发生的概率。

为辅助、配合摄像机监控场合的使用，北京智防工程技术研究院研发的新型声效设备，主要完成视频监控的声学反向干预，适用于监测多个场合的暴力事件，解决了传统户外扬声器声音传输近、指向性差、声音威慑力度不足等问题。在无人机系统进行视频监视工作和智能分析工作的同时，设备利用外场特征优化而成的声音进行反向干预，通过合理化的声学策略控制，对无人机发现的安防事件进行事中干预和实时控制处理，提高无人机执行任务的合理性和实时性。

（2）密音定向对人身财产安全进行定向安防

“传音入密”是中国武侠小说中描述的一种武功，具体指的是一个人可以使用武功发音，仅使在场的特定某一个或几个人可以听到他的话，其他人却听不到。例如，在《七剑下天山》中辛龙子曾经使用过这种武功，《白

发魔女传》中岳鸣珂也对女主角练霓裳使用过“传音入密”的功夫。

实际上，利用密音定向技术可以使这项“绝学武功”在现代变为可能。密音定向技术是指通过把音频信号调制到超声波载波上，利用超声波指向性传播的特性以及空气的非线性作用，形成可听声的定向传播。定向扬声器把声波控制在特定区域内，在这个区域内的声波很强，而出了这个区域，声波就会很弱甚至消失。根据声学理论，人耳能听到的声波属于低频声波。声音定向传播的技术原理是声波频率越高，其传播过程中的指向性越好，频率大于 20kHz 的高频信号（超声波）在传输过程中具有良好的指向性。

目前，密音定向技术可以应用到展览馆、博物馆、银行、金融机构等对金融财产、文化遗产以及人身安全要求非常高的场景。密音定向设备通过对潜在危险情况的视觉与非视觉检测，对犯罪分子进行定向声音干预，预警制止，或者对一定范围的人员进行通知预警，可及时疏散人员，避免造成大规模的恐慌，极大地降低了危险事故发生的概率、人员伤亡和财产损失的概率。

第 4 章
AI 语音与热点话题和技术：千丝万缕的联系

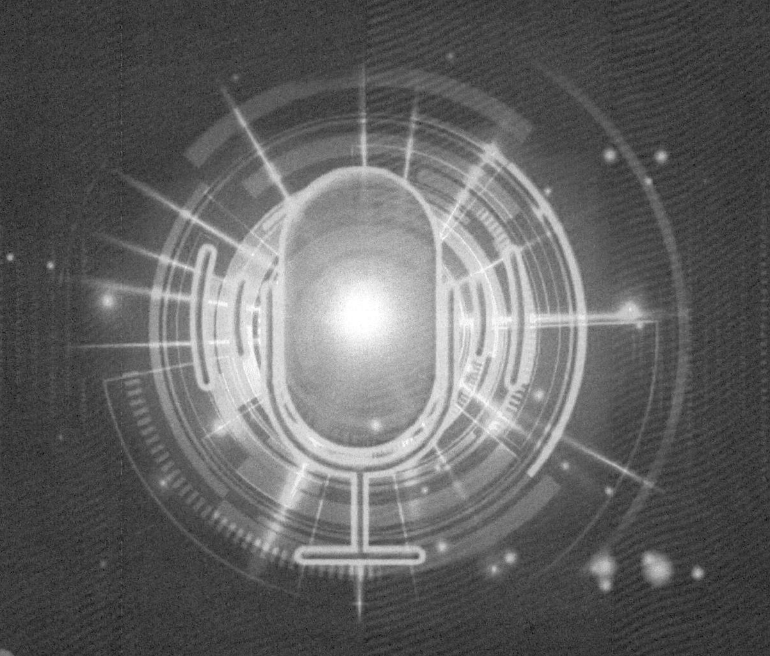

4.1 语音+大数据+云

4.1.1 我们身边的大数据

日常生活中你可能遇到以下场景。

场景一：当你打开线上购物App，可以看到一些近期搜索过或加入购物车的商品及其打折信息。

场景二：当你自驾车出门，打开地图App，可以方便地看到最新的路况和最优路线。

场景三：当你带上智能手表，可以获取自身的健康数据，某些医疗监测设备获取到我们的心跳、血压等信息，让我们对可能出现的不适症状做出预测。

以上的场景体现了近10多年来大数据技术给我们的生活带来的改变。最早提出大数据时代到来的是全球知名咨询公司麦肯锡，该公司称："数据已经渗透到当今每一个行业和业务职能领域，成为重要的生产因素。人们对于海量数据的挖掘和运用，预示着新一波生产率增长和消费者盈余浪潮的到来。"

我们已经生活在信息时代，而21世纪初计算机技术的发展已具有划时代的意义，信息技术已渗透到生活的方方面面，例如，学校入学登记、银行开户转账、医院记录病情、超市进出货等。人们的沟通也从以面对面沟通或电话沟通为主，转变为电子邮件、微信等多种形式并存。这些社会行为的数据都会存储到计算机硬件设备中，可以简单称之为互联网数据中心

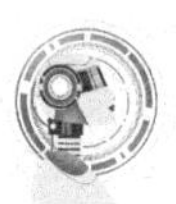

（Internet Data Center，IDC）。

在日积月累的过程中，IDC 存储了大量数据。近年来，随着计算机软硬件技术突飞猛进的发展，这些数据的使用价值引起了行业工作者的兴趣和关注。企业利用大数据可以更好地了解用户以及他们的喜好和行为。“大”意味着数据的广度和深度。出于不同的需求，人们将数据进行汇总再利用 IT 手段加以分析与挖掘，得到这些“大”数据中隐含的信息。例如，美国的知名零售商 Target 通过大数据的剖析获得有价值的信息，精准地预测到用户在什么时间想要生小孩；通过大数据的应用，电信公司可以更好地预测出流失的用户；沃尔玛则可以更加精准地预测哪个产品会大卖；而汽车保险行业可以更了解用户的需求。

4.1.2　语音的特殊身份

语音在大数据中充当什么角色呢？

当你拨打电话给电信公司、有线电视公司、燃气公司等企业的客服中心时，通过与接线员简短的交流，系统可以自动获取到你登记的信息与历史记录，你的问题能够得到快速高效的解答。

这是如何实现的呢？从本书 2.1 节介绍的语音身份证中可以找到答案。在你与接线员对话的开始阶段，客服系统的收音设备接收到你的一段语音后（该过程经过了你的许可），经过预处理和声纹模型的分析，系统提取到你的声纹信息，也就是你的语音特征，再结合你的来电号码与预留的特征信息进行比对，辨识出“你是你”。接下来，由于客服系统中保存了你在使用该服务提供商时登记的个人信息、服务信息和过去的历史咨询信息，所以业务系统会将这些数据通过你的唯一属性关联到接线员操作平台，后者继而能够安全地为你提供下一步服务与解答。那么哪些信息是你的唯一属性呢，例如，身份证号码、手机号码、军官证，如今你的指纹、人脸等也都会成为你的“唯一辨识符”。

未来还会有类似的场景，例如，你在手机银行 App 中设置语音转账，张三等人可设定在手机银行 App 中的亲友列表名单，或在历史转账记录中，你可以对准手机话筒说“给张三转 500 元”，手机银行 App 的声纹识别系统辨识到你的身份，确认你是当前登录平台的合法账户，并得到你的唯一属性（身份证号码或银行卡号），业务系统继而通过这个属性关联到你的账户信息。语音识别系统读取到你的语音中包含的收款人和金额，并在亲友列表名单中识别出最匹配的人及其账号，经确认后，你就可以顺利地执行转账操作了。当然，从安全角度来看，用户确认是必不可少的，但这种方式的确减少了传统转账中填写表单等烦琐程序。

综上所述，语音既可以作为大数据的一种数据类型，以文件的形式加以存储和管理，还可以利用声纹识别技术，从中获取到说话者的身份信息。此外，基于语音、语义分析技术还可以提取说话特征，例如，说话者的年龄、性别、语速、情感等信息，结合各业务服务平台中的数据资源，可以为产品服务商提供更精细、更优质的服务和用户洞察力。例如，在接线员的服务态度质量检测场景中，我们可以利用语音、语义分析技术对每个接线员的用语、语速与服务态度进行分析并打分，进一步提高服务质量；对用户的咨询内容和说话情绪进行分析和汇总，得到更多颇具价值的数据和潜在的发展因素，助力企业长远发展。

4.1.3 数据类型与存储

大数据不仅包括业务系统的日志、订单、数据库中的用户基本信息、访问信息等静态信息或历史信息，还包括媒体数据和实时数据，例如，图片、

视频、音频、定位信息等。前者是可以存储在计算机系统的结构化数据库中，例如，Oracle、MySQL 等；后者大多是以普通文件形式存放的数据。

数据库里的内容一般是以字段的形式，按照一定的二维表格逻辑结构进行保存，内容遵循固定格式，用户比较容易查询，归结为结构化数据。图片和视频等内容因为巨大的数据总量和大小的不一致性导致存放在数据库中比较勉强，优化较为困难，一般会直接以文件的形式存放在硬盘中，我们称之为非结构化数据。数据库中还有一种是半结构化数据，是介于结构化数据和非结构化数据之间的数据，也是结构化数据的一种形式，它并不符合关系型数据库或其他数据表的形式关联起来的数据模型结构，但它包含相关标记，用来分隔语义元素以及对记录和字段进行分层，例如，XML、JSON 文件。

对于海量数据的存储和管理，单体或轻型数据库无法满足对其进行存储以及复杂的数据挖掘和分析操作，通常使用分布式系统、非关系型数据库、云数据库等。

1. 分布式系统

分布式系统包含多个自主的处理单元，通过计算机网络互联来协作完成分配的任务，其分而治之的策略能够更好地处理大规模数据分析问题。分布式系统主要包含以下两类。

（1）分布式文件系统

存储管理需要多种技术协同工作，其中，文件系统为其提供最底层存储能力的支持。分布式文件系统（Hadoop Distributed File System，HDFS）是一个高度容错性系统，适用于批量处理，能够支持高吞吐量的数据访问。

（2）分布式键值系统

分布式键值系统可用于存储关系简单的半结构化数据。典型的分布式键值系统有 Amazon Dynamo，以及获得广泛应用和关注的对象存储技术（Object Storage，OS），其存储和管理的是对象而非数据块。

2. 非关系型数据库

关系数据库无法满足海量数据的管理需求，也无法满足数据高并发的需求，其高可扩展性和高可用性的功能极弱。非关系型数据库（Not Only SQL，NoSQL）的优势为可以支持超大规模数据存储，灵活的数据模型可以很好地支持 Web2.0 应用，具有强大的横向扩展能力等。典型的 NoSQL 数据库如图 4-1 所示。

键_1	值_1
键_2	值_2
键_3	值_3
键_4	值_2
键_5	值_1
键_6	值_2

键值数据库

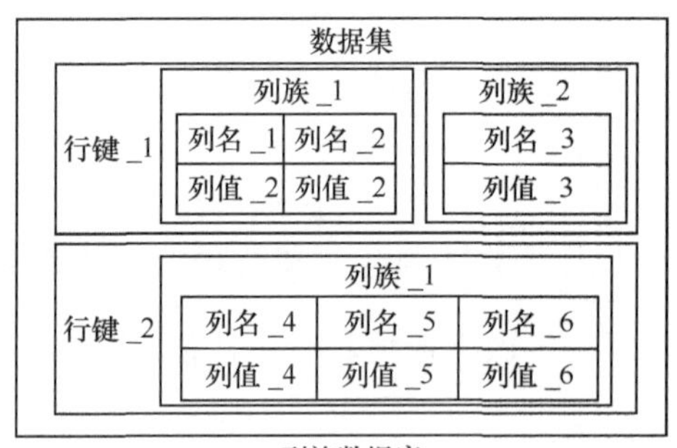

图 4-1 典型的 NoSQL 数据库类型

3. 云数据库

云数据库是基于云计算技术发展的一种共享基础架构的方法，是部署和虚拟化在云计算环境中的数据库。在云数据库应用中，客户端不需要了解云数据库的底层细节，所有的底层硬件都已经被虚拟化，对客户端而言是透明的。云数据库应用如图 4-2 所示。

云数据库具有动态可扩展性、高可用性、较低的使用成本和免维护等特点。具体如下。

- 动态可扩展性。
- 高可用性。

- 较低的使用成本。

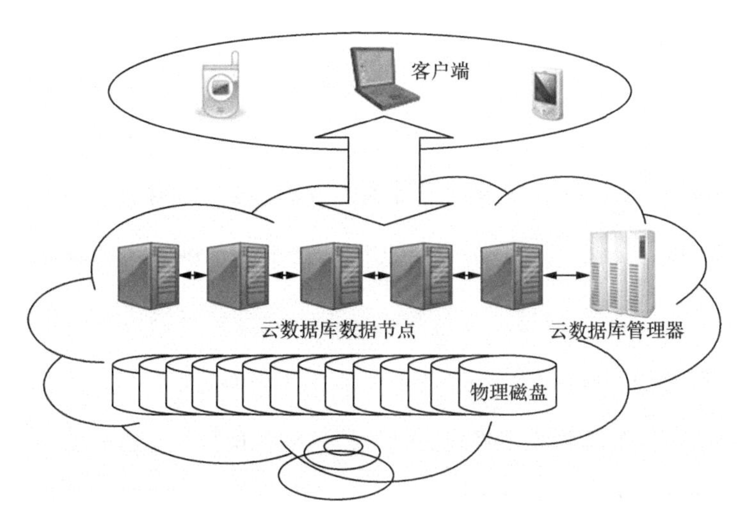

图 4-2　云数据库应用

- 易用性。
- 高性能。
- 免维护。
- 安全性。

从数据模型的角度看，云数据库并非一种全新的数据库技术，而是以服务的方式提供数据库功能。云数据库所采用的数据模型可以是关系数据库所使用的关系模型。同一个公司也可能提供采用不同数据模型的多种云数据库服务。

4.1.4　语音结构化

以上两个场景均提到了通过手机拨打电话或 App 语音模式完成相关产品服务，这是语音结合大数据技术的典型应用。我们在这一节重点介绍典型应用具体是怎么实现的。

服务商的业务系统产生的数据包括基础数据、报表、日志、文本、语音视频等不同类别和来源的结构化、非结构化数据。这些数据经处理后可以为产品业务系统提供数据资源的支撑，处理方法包括数据的采集、分析与聚合。

数据采集支持对接入的语音和业务数据进行判断与审核，对有效数据进行提取与转换。业务数据按照预定的统一格式和规则进行清洗与归类，形成符合业务特征的元数据。语音数据通过预处理环节进行格式转换、语音分离、有效时长筛选等。

数据分析的处理对象是经清洗转换后的业务信息与符合系统要求的语音数据。这些语音数据可借助上文提到的语音、语义分析技术进行处理。语音识别可以将说话者的语音转写成文本形式；语义分析是基于自然语言处理技术对文本或语音处理得到说话者的特征，例如，年龄、性别、情感等。声纹识别技术凭借模型与算法生成说话人的声音特征来实现对人的身份识别。

数据聚合是将上述采集后得到的业务元数据、分析流程后的说话者特征、语音文本、声音特征值、原始录音等数据进行关联与整理，得到基于预定数据模型的结构化数据。对于一些具备电话信道（例如，呼叫中心）的企业来说，这种将不同类型的非结构化数据经多次处理得到完整的结构化数据的过程称为语音结构化。这些符合企业标准的数据为上层的信息化平台或智能中台提供了数据和能力支撑。同时数据聚合作为业务增值手段，提升了公司的数据服务水平。

下面将具体介绍上述 3 个流程的操作事项与标准。

1. 数据采集

数据采集流程包括对数据的审核、获取、集成、清洗、转换等环节，处理后的数据需要满足数据格式、语音质量、业务规则等系统要求。在具体

操作上，各环节支持将不同的业务来源或子系统的业务数据和语音文件集中整理后，遵循预定的采集策略进行分层过滤和整合操作。当数据整合过程中遇到不符合清洗规则的数据时，系统将这些业务数据设置为问题数据，并根据问题程度进行归类。采集过程需要组织整理相关的业务元数据，同时保证原始数据的安全性和完整性。

语音文件在采集过程中，除了要保证音频格式的转换与统一，还需要分离说话者。例如，在电话信道的双声道通话中，先将主叫人与被叫人的语音进行分离，得到两个单独的语音文件，再利用端点检测技术去除静默音，最后经过预设时长控制与过滤，得到连续完整的有效语音数据，以便后续流程的智能分析逻辑能够提取到说话人的声纹特征。

2. 数据分析

数据分析流程支持对采集后的有效数据进行分析处理，提供语音预处理、声纹识别、语音识别、数据存储等功能服务，具体包括语音格式转换、无效语音处理、语音分离、语音拼接、语音转写、语种识别等环节。该流程还包括对语音转写后的文本进行处理，例如，中英文翻译、文本分析、热词提取等，同时支持对语音数据进行声纹特征提取，并与业务信息进行关联融合，合理组织数据，形成业务库、知识库及声纹库等。业务关联需要满足数据的一致性，并提供高效的数据读取、更新与搜索能力。

此外，数据分析流程可结合基于机器学习的语义分析技术，对说话者的性别、年龄、情绪等特征进行辨识，将其纳入自然属性元数据，进一步完善语音、语义与元数据三者的数据关联。

3. 数据聚合

这部分我们用呼叫中心服务系统的场景来描述以上两步及数据聚合的过程。

企业的客服业务系统包括用户基础信息、账户信息以及座席人员的工号信息与呼叫记录。座席人员每天与用户的产品咨询、回访、推介等交互会积累大量的业务数据与语音数据。业务数据可能包括平台基础信息、服务节点日志、用户报表订单等。这些数据的格式可能是数据库表、服务器的文本文件、Excel 文件，甚至可能是手写文件。语音数据是电话录音文件，一般保存在服务端的存储设备中。以上数据经过采集和分析，分别得到结构化的用户数据与服务数据，以及用户通话中的自然特征、情感特征与声纹特征。除此之外，系统会留存作为数据“源”的通话录音与语音识别后的文本内容。

企业的经营过程会逐步积累这些数据，如今数据成为企业的核心资产。那么这些数据都是独立的吗？这需要 IT 设计者对每个业务模块进行统一维度的规划，结合用户级、业务级的多层标识使模块与模块之间互通。数据聚合是采取实时调度或定时任务将上述多模块产生的各类数据进行快速关联，从而形成一张数据大网。

数据整合后的优势有哪些呢？由于语音分析过程可以获取用户的年龄、情绪、说话内容等信息，所以根据这些信息可以形成用户画像，座席人员会提供有针对性的服务，进一步提高服务质量。同时，由于用户在平台注册了自己的声纹信息，所以平台可以快速地识别通话人的身份，并赋予其一定的业务属性，例如，兴趣爱好、年龄等。在用户办理挂失、业务变更、号码更换等场景中，声纹特征数据更能起到辅助作用。此外，整合后的语音分析数据可以实现对企业座席人员的服务质量检测。这些服务质量和效率的提升都得益于语音结构化体系。

总的来说，上述内容是从数据处理流程的角度来理解语音结构化。另外，我们还可以从任务和目标的角度来理解什么是语音结构化。语音任务及结

构化结果见表 4-1。在表 4-1 中，我们总结了常用的语音任务所对应的结构化结果。

表 4-1　语音任务及结构化结果

语音任务明细	结构化目标（属性、种类、数量）	是否可输出为结构化元数据
语音识别	语音识别内容（文字）、标点、时间戳	是
声纹识别	声纹特征向量、说话人角色、时间戳	是
说话人日志	说话人角色 ID、说话人语音片段对应时间戳	是
语音分离	说话人的语音样本、语音文件、语音流	否
声音场景识别	声音场景分类 ID	是
特殊声音事件检测	特殊事件类别、时间戳	是
不良语音检测	不良语音类别 ID（例如，涉及暴力元素等）	是
语音鉴伪	是否为伪造语音二分类	是
工业音频质检	机器故障分类、故障代码	是
动物音频分类	动物类别分类、动物健康状态分类	是
语音质量评估	质量得分	是
年龄识别	年龄范围分类 ID	是
性别识别	性别结果	是
情感识别	情绪分类 ID	是
语音唤醒	唤醒词、置信度	是
语音增强	增强处理后的语音样本、语音文件、语音流	否
特征提取	一维或多维特征向量	否（半结构化）

语音结构化概念如图 4-3 所示，图 4-3 描述了根据关注的任务或目标将原始音频进行结构化的过程，我们还可以观察到其他来源、其他种类的数据。因此，根据这些内容我们可以进一步针对同一个音频的有价值的、有关联的信息进行分层。这个架构会对数据进行分级分层生成、治理，进而提升数据价值。

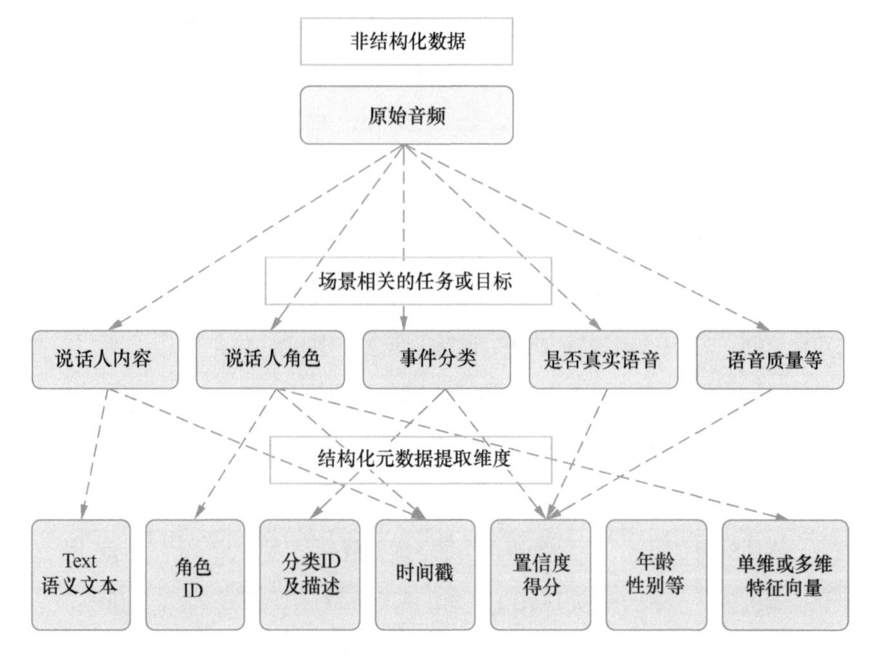

图 4-3　语音结构化概念

在此，我们提出了一种新的语音结构化分层架构，具体分为基础元数据层、结构化元数据层和智能元数据层。语音结构化分层逻辑如图 4-4 所示。

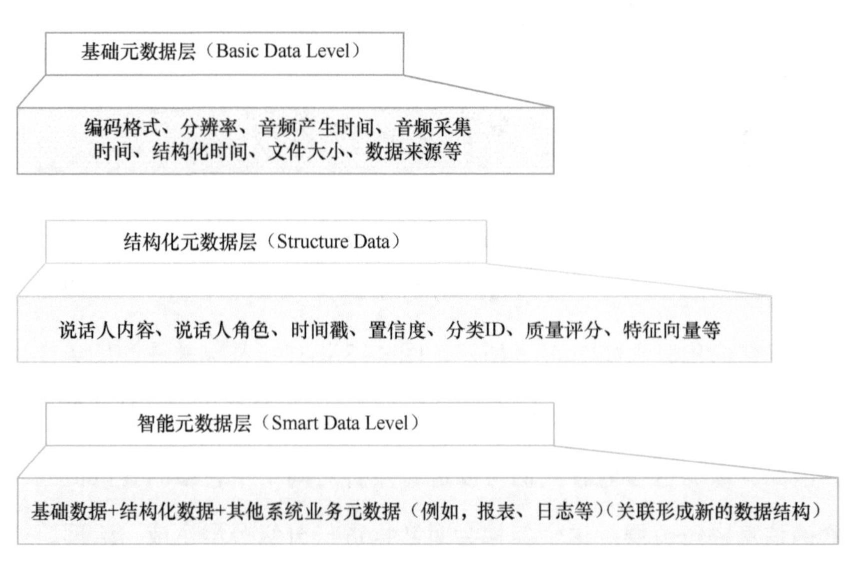

图 4-4　语音结构化分层逻辑

（1）基础元数据层

除了以上结构化提取的信息和属性，音频还有大量的基础信息。例如，编码格式、分辨率、音频产生时间、音频采集时间、结构化时间、文件大小、数据来源等。这些基础数据非常重要，它们同音频的结构化的信息从含义、使用上都应该区分开来。

（2）结构化元数据层

语音结构化所提取的信息定义为第二层的数据层级，这里主要根据不同的场景和任务目标，基于机器学习或深度学习算法将音频有价值的信息进行提取。例如，语音识别后的语义文本、声纹识别和语音分离后的角色 ID 和时间戳、说话人的 x–vector 特征向量值、语音事件分类和不良语音检测后的结果分类以及描述、置信度得分等。

（3）智能元数据层

除了上述两层信息，从其他业务系统中可以关联到与这个音频 ID 所对应的很多其他业务相关的元数据，例如，通过节选一段歌曲音频片段，先提取出结构化信息，例如，歌手 ID，根据这些信息可以关联此歌手的更多信息，包括歌手的履历、专辑列表、歌手照片或演唱会视频链接等。通过在更大范围进行数据的聚合和关联，形成有价值的数据资产。第三层信息为高阶信息，也称为智能元数据层。

通过人工智能算法对语音数据进行分级分层生成、治理，提升数据价值密度，达到数据“炼油”的目的。由此可知，到了智能元数据层，也就是到数据聚合处理阶段，真正多维度、多来源的数据将实现融通，打破数据要素流动的瓶颈，构建全局数据模型和服务，可以为语音相关的产业和应用提供宝贵的数据资产。

4.2 语音 + 安全

4.2.1 语音欺诈，又一个潘多拉盒子

AI 语音技术的发展如火如荼，在另一个空间维度，一些触目惊心的事件也在悄然发生。

如果你是一名网络红人、一名演员、一位领导人或一家公司的创始人，或者你在短视频网站上有很多公开的音视频，非法分子就极有可能利用这些音视频来合成并生成你的声音进行一些违法的行为，业界称之为语音欺诈（Deepfake）。

2019 年 3 月，英国一家能源公司的高管接到了德国母公司“CEO”的紧急电话，该“CEO”要求他将资金汇给匈牙利供应商，来电者表示“该请求非常紧急”，要求行政人员在一小时内付款 22 万欧元（人民币约 173 万元）。这位英国高管开始并没有意识到这中间有什么问题，直到被要求再次转账时才发觉了事件异常。诈骗者总共打了 3 次电话，当第一笔 22 万欧元汇给对方后，他们打电话说母公司已经将资金转移，偿还给英国子公司，然后他们在当天晚些时候进行了第三次电话会议，再次冒充“CEO”，要求第二次转账。由于第三次电话显示的是来自奥地利的电话号码，英国子公司的行政部门开始怀疑，并没有再次转账。事后调查发现，这 22 万欧元并没有转给所谓的匈牙利供应商，而是被转移到墨西哥等多个国家。警方对这起事件进行调查后发现，诈骗者利用了一种 AI 语音合成软件来模仿德国母公司“CEO”的声音。

一位科技记者受前密西根州立大学社交媒体责任中心首席技术专家 Aviv Ovadya（艾维·奥瓦迪亚）言论的影响，做了这样一次实验，他使用

AI 语音合成软件模仿了自己的声音，然后打电话给自己的母亲，令人瞠目结舌的是，世界上最熟悉自己声音的母亲完全没有听出来有任何异样。

3 名蒙特利尔大学的博士联合创办的名为“琴鸟”（Lyrebird）的公司开发出了一种语音合成技术，只要对目标人物的声音进行 1 分钟的高质量录音，将此高质量录音数据交给“琴鸟”处理，就能得到一个特殊的密钥，利用这个密钥可以生成目标人物想说的任何话。“琴鸟”不仅能利用语音模仿出任何人的声音，还能在声音中加入“感情”元素，让声音听上去更逼真。

目前，一般情况下，我们日常使用的 App 内的语音不能被转发，但网络上出现了“增强版软件”可以留存、转发 App 内的对话语音文件，非法分子通过非法渠道盗用了用户的账号，又获得了用户的声音，就可以合成用户家人、朋友听起来熟悉的声音了。

4.2.2　知己知彼：了解和研究语音欺诈、攻击手段

为了知己知彼，需要对常见的语音欺诈、攻击手段深入地了解和研究。目前，常见的语音欺诈、攻击手段有 3 种，分别是语音合成（Text To Speech，TTS）、语音转换（Voice Conversion，VC）和录音重放（Replay）。在世界顶级赛事自动说话人识别欺骗攻击与防御对策挑战赛（Automatic Speaker Verification Spoofing and Countermeasures Challenge，ASVspoofing）中，将语音合成和语音转换的场景统称为逻辑存取（Logical Access，LA），录音重放的场景称为物理存取（Physical Access，PA）。

语音合成和语音转换工作原理如图 4-5 所示，基于神经网络的 Waveform Modelling（波形模型）技术类似 WaveNet 产生的语音，该语音和真人发声已经非常接近。在 Voice Conversion Challenge 2018 挑战赛中的最佳系统产生的语音已经极大地提高了自然度和模拟人声的相似度。

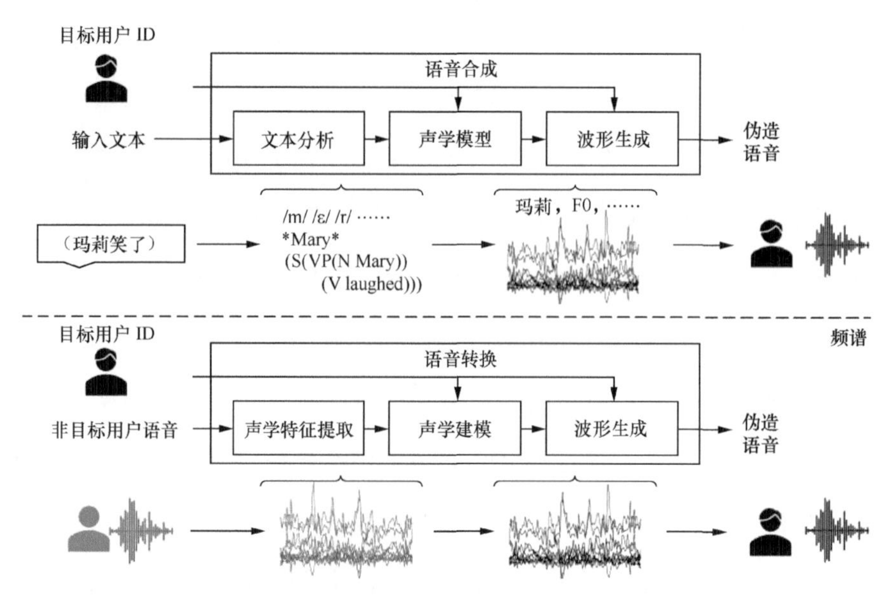

图 4-5 语音合成和语音转换工作原理

ASVspoofing 挑战赛是近些年来世界级的研究语音攻击并试图解决此问题而设立的大赛，旨在设计出有效的防攻击安全系统，让该系统可以准确地发现由最新算法或者不同算法，甚至不可见算法产生的伪造语音。迄今为止，该挑战赛已经举办了 3 届，分别是 ASVspoofing 2015、ASVspoofing 2017、ASVspoofing 2019。多家顶级研究机构和知名公司都参与其中。ASVspoofing 2019 举办方提供的训练、测试和验证数据集中列举并囊括了目前业界最新的语音攻击算法和手段。其中，TTS 的主流算法有 10 种，VC 的主流算法有 4 种，TTS 和 VC 的融合算法有 3 种。ASVspoofing 2019 TTS / VC 攻击算法及结果如图 4-6 所示。

从图 4-6 中可以了解到最新的算法主要使用了神经波形模型（Neural Waveform Models，NWM）和波形过滤器（Waveform Filtering，WF），或者是这些技术的衍生。需要说明的是，TTS / VC 的最新算法也借鉴了一些说话人识别中的核心技术点。这些算法可以基于一些工具包（例如，Merlin、

CURRENT、MarryTTS 等）来生成。同时我们可以观察到一些重要细节，评价一个自动说话人证实（Automatic Speaker Verification，ASV）系统性能的重要指标是等错率 EER。EER 越低，ASV 识别的性能越好。在没有伪造语音攻击时，ASV 的性能只有 2.48%，但当系统受到 TTS 和 VC 合成的伪造语音攻击时，其性能急速下降，从图 4-6 可以看出，EER 最高可以升到 64.78%，由此可见，攻击语音对 ASV 这样的语音系统的影响巨大，以及鉴伪抗攻击安全措施的重大意义。

		类别	声学模型	波形生成器	声纹等错率	语音鉴伪等错率
训练	A01	TTS	VAE+AR LSTM-RNN	WaveNet	24.52	0.0
	A02	TTS	VAE+AR LSTM-RNN	WORLD	15.04	0.0
	A03	TTS	Feedforward NN[1]	WORLD	56.94	0.0
	A04	TTS	—	Waveform concat.	63.02	0.0
	A05	VC	VAE	WORLD	21.90	0.0
	A06	VC	GMM-UBM	Spectral filtering	10.11	0.0
验证	A07	TTS	LSTM-RNN	WORLD+GAN	59.68	0.02
	A08	TTS	AR LSTM-RNN	Neural source-filter model[3]	40.39	0.09
	A09	TTS	LSTM-RNN	Vocaine	8.38	0.06
	A10	TTS	Attention seq2seq model[2]	WaveRNN	57.73	12.21
	A11	TTS	Attention seq2seq model	Griffin-Lim	59.64	0.59
	A12	TTS	—	Wave Net	46.18	3.75
	A13	TTS-VC	Moment matching NN	Waveform filtering	46.78	12.42
	A14	TTS-VC	LSTM-RNN	STRAIGHT	64.01	2.88
	A15	TTS-VC	LSTM-RNN	WaveNet	58.85	3.22
	A16	TTS	—	Waveform concat.	64.52	0.02
	A17	VC	VAE	Waveform filtering	3.92	15.93
	A18	VC	i-vector/PLDA	MFCC-to-waveform	7.35	5.59
	A19	VC	GMM-UBM	Spectral filtering[4]	14.58	0.06

注：1. Feedforward NN 意为前向神经网络。
2. Attention seq2seq model 意为注意力机制的序列到序列模型。
3. Neural source-filter model 意为神经源滤波器模型。
4. Spectral filtering 意为频率滤波器。

图 4-6　ASVspoofing 2019 TTS/VC 攻击算法及结果

我们再来看一下第三种语音攻击——录音重放的伪造语音。录音重放是指攻击者在某些场景下用录音设备录制了受攻击者的声音，然后再用录制的声音播放给系统假冒受攻击者本人的声音来欺骗系统、欺骗听者。这种攻击往往最隐蔽，其危害较前两种的方式更大，诈骗者只须轻松携带一部手机，就可以完成全部过程。

ASVspoofing 2019为了研究哪些环境变量会影响最终的攻击结果，巧妙地进行了录音重放仿真。录音重放仿真环境如图 4-7 所示，黄色位置代表系统收音的位置，蓝色位置代表说话人的位置，红色位置代表攻击者偷录下语音的位置。根据房间大小、回响程度、说话人与系统的距离、说话人和攻击者的距离、重放设备质量等变量，组合成声学环境变量 27 种、重放攻击变量 9 种、重放设备质量变量 3 种。通过这样的变量设置来研究到底是哪些因素影响了录音重放攻击的效果，然后根据研究的结果可以精确控制这些因素。在实验室模拟重放攻击的场景如图 4-8 所示。

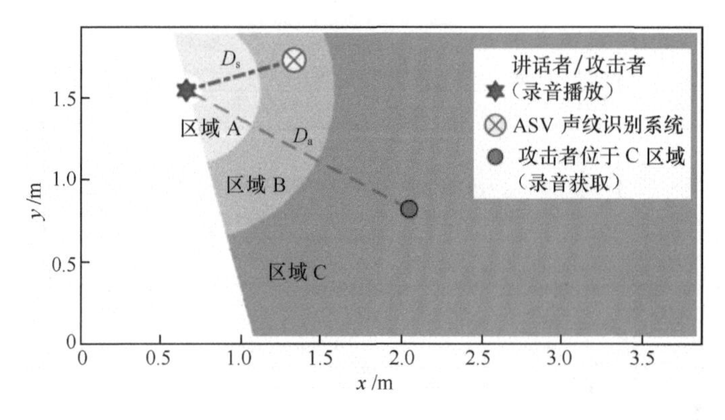

图 4-7　录音重放仿真环境

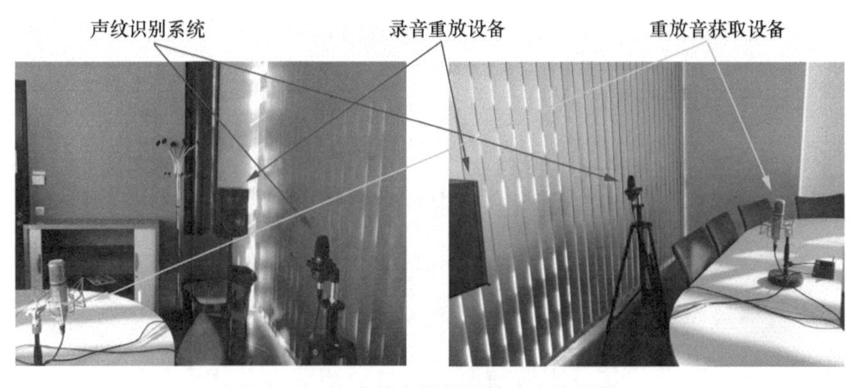

图 4-8　在实验室模拟重放攻击的场景

4.2.3　降维打击：抗攻击防欺诈的一张盾牌

俗话说有矛即有盾，抗攻击、防语音欺诈、鉴伪技术也在紧锣密鼓地发展，同时随着人脸支付、语音支付等涉及个人资产的新功能的上线，普通用户对安全性、隐私性的保护意识逐渐提高，学术界和产业界也在积极布局，研发更加先进的技术方案来应对语音欺诈、伪造等攻击，实施降维打击。

笔者对业界主流的抗攻击鉴伪算法和系统性能做了系统性总结：我们可以大致将系统的核心模块分为两个阶段，当一段语音进入系统后，首先进行声学特征提取，然后通过神经网络模型进行判定。业界对前端特征提取方法采用了很多尝试和实验，算法包括恒 Q 倒频系数（Constant Q Cepstral Coefficients，CQCC）、线性频率倒谱系数（Linear Frequency Cepstral Coefficients，LFCC）、逆梅尔倒谱系数（Inverse Mel Frequency Cepstral Coefficients，IMFCC）、快速傅里叶变换（Fast Fourier Transform，FFT）、常数 Q 变换（Constant Q Transform，CQT）、离散余弦变换（Discrete Cosine Transform，DCT）、自适应滤波（Least Mean Square，LMS）、Log-CQT 等，而后端的模型在 ASVspoofing 挑战赛主办方的基线模型上采用了经典的 GMM，ASVspoofing 2019 宣布结果后，很多企业、高校在 Interspeech2019 国际会议上公布了各自的实现方案。ASVspoofing 2019 主流算法及结果总结见表 4-2。从评价抗攻击系统的性能指标 t-DCF 和 EER 综合来看，前端特征提取使用 CQT，网络模型使用 LightCNN，得到的结果在预防 TTS / VC 攻击和 Replay 攻击上都达到了很好的效果。这里提到的 LightCNN 是在经典神经网络 CNN 的基础上进行了改造，加入最大特征图像（Max-Feature-Map，MFM）激活函数，即 MFM 激活函数。

表 4-2 ASVspoofing 2019 主流算法及结果总结

<table>
<tr><th rowspan="2">基线 / 主线</th><th rowspan="2">声学前端</th><th rowspan="2">模型 / 网络</th><th colspan="2">LA 评估验证</th><th colspan="2">PA 评估验证</th></tr>
<tr><th>t-DCF[1]</th><th>EER</th><th>t-DCF</th><th>等错误率</th></tr>
<tr><td>主办方</td><td>CQCC</td><td>GMM</td><td>0.2366</td><td>9.57</td><td>0.2454</td><td>11.04</td></tr>
<tr><td>主办方</td><td>LFCC</td><td>GMM</td><td>0.2116</td><td>8.09</td><td>0.3017</td><td>13.54</td></tr>
<tr><td>基线</td><td>STFCC</td><td>GMM</td><td>0.1400</td><td>5.97</td><td>0.2129</td><td>9.07</td></tr>
<tr><td>基线</td><td>IMFCC</td><td>GMM</td><td>0.2198</td><td>9.49</td><td>0.2128</td><td>2.75</td></tr>
<tr><td>主流</td><td>FFT</td><td>LCNN</td><td>0.1028</td><td>4.53</td><td>0.6713</td><td>2.75</td></tr>
<tr><td>主流</td><td>CQT</td><td>LCNN</td><td>0.1014</td><td>4.58</td><td>0.0295</td><td>1.23</td></tr>
<tr><td>主流</td><td>LFCC</td><td>LCNN</td><td>0.1000</td><td>5.06</td><td>0.153</td><td>4.60</td></tr>
<tr><td>主流</td><td>DCT</td><td>LCNN</td><td>—</td><td>—</td><td>0.560</td><td>2.06</td></tr>
<tr><td>主流</td><td>LFCC</td><td>CMVN-LCNN</td><td>0.1827</td><td>7.86</td><td>—</td><td>—</td></tr>
<tr><td>主流</td><td>VAElog-CQT+log-CQT</td><td>CGCNN（CNN+GLU）</td><td rowspan="4">0.1118</td><td rowspan="4">3.56</td><td rowspan="4">—</td><td rowspan="4">—</td></tr>
<tr><td>主流</td><td>Phase+log-CQT</td><td>CGCNN</td></tr>
<tr><td>主流</td><td>VAElog-CQT+log-CQT</td><td>ResNet18</td></tr>
<tr><td>主流</td><td>Phase+log-CQT</td><td>ResNet18</td></tr>
<tr><td>主流</td><td>LMS</td><td>LightCNN</td><td>—</td><td>—</td><td>0.0350</td><td>1.16</td></tr>
<tr><td>主流</td><td>log-CQT</td><td>CGCNN</td><td>—</td><td>—</td><td>0.0137</td><td>0.54</td></tr>
</table>

注：1. 检测代价函数（Detection Cost Function，DCF）

随着我们继续深入研究，一些有趣且有价值的关键性发现值得思考。

首先，在这个“盾”的系统里，前端特征提取算法的选择至关重要，不同的特征提取算法对系统的性能影响差异非常大。由此可以推测，有可能是伪造语音信息中包含特殊的一类特征，对于这类特征，某种特征提取算法不一定能很有效地提取出来，或者只能提取少量的特征，而另一些特征提取算法类似于 CQT 却能将伪造语音信息最大限度地提取出来，因此影响了结果，也即伪造语音信息对特征提取的算法相对敏感，但对后端模型不一定如此敏感。CQT 可以被视为一组有着对数间隔的滤波器，它和小波变换类似，具有可变的时间和频率分辨率，相较于传统的 DFT 而言，CQT 能提供更佳

的信号分辨能力，在 ASVspoofing 2015 的合成语音检测任务中表现出优秀的检测性能。在特征提取算法中，研究发现"功率谱"蕴含非常有价值的信息，频谱可以用多种算法进行提取，例如，CQT、FFT、DCT。另外值得思考的是，可否将不同的特征提取进行串联，作为后端模型的多通道输入?

其次，在一些实验研究中，增加静音检测 VAD 后，系统的 EER 性能结果反而变差，这也是一个有趣的现象。原因很有可能是，系统在静音的时间段内反而包含了伪造语音的关键信息。增加静音检测 VAD 后，反而把有用的信息抹掉，从而导致系统的抗攻击性能下降。

然后，基于 ASVspoofing 挑战赛仿真的 PA 录音重放的语音数据训练出来的系统有效性存在一些不确定性，俄罗斯语音技术中心（Speech Technology Center，STC）发表的研究中提出，针对仿真模拟的 PA 语音训练的抗攻击系统并不能有效地检测真实电话信道的语音环境中的攻击语音。

最后，语音攻击的种类繁多，从大类来讲有 LA 和 PA，可以为 LA 和 PA 设计不同的方案，这在学术研究中是可行的。但在工程实践中，防伪语音检测系统可能和生产系统进行联动，针对 LA 和 PA 需要使用不同的前后端算法和参数配置，但商业趋势和技术趋势是用一种网络结构去解决两大类攻击类型。更加前沿的展望是，可以利用多任务学习 MTL 技术，将防攻击的任务集成到主任务中，例如，通过一套模型输出多个结果，就可以同时进行说话人识别和语音防伪检测，或者同时进行语音转写和语音鉴伪。从而避免串联或并联多个子系统，这种基于多任务学习的深度集成方案，可以预见一定是未来重要的研究方向。

4.2.4　国内政策法规的保护臂膀

除了技术上的防护，法律法规对语音数据合理合法的使用所制订的规范显得尤为重要。特别是当语音数据中包含说话人的语音时，这些数据就属于个人信息、个人敏感信息的范畴。个人信息和个人敏感信息在标准《GB/T 35273-2020 信息安全技术 个人信息安全规范》中有相应的定义，例如，人脸面部特征、声纹、虹膜等个人生物识别信息属于个人敏感信息范围。个人敏感信息范围详情见表4-3。从表4-3中可以看到，个人生物识别信息与个人财产信息、个人健康生理信息、个人身份信息列为同等重要的地位，一旦被一些组织或个人非法利用或滥用，后果不堪设想。

表4-3 个人敏感信息范围详情

个人财产信息	银行账户、鉴别信息（口令）、存款信息、房产信息、信贷记录、征信信息、交易和消费记录、流水记录等，以及虚拟货币、虚拟交易、游戏类兑换码等虚拟财产信息
个人健康生理信息	个人因生病就医等产生的相关记录，例如，病症、住院日志、医嘱单、检验报告、手术及麻醉记录等
个人生物识别信息	个人基因、指纹、声纹、掌纹、耳郭、虹膜、面部识别特征等
个人身份信息	身份证、军官证、护照、驾驶证、工作证、社保卡、居住证
其他信息	婚史、宗教信仰、未公开的违法犯罪记录、通信记录和内容、好友列表、群组列表、行踪轨迹、网页浏览记录、住宿信息、精准定位信息等

近些年，国家、行业组织为保护个人信息的安全，制定出台了一系列法律法规标准及政策。相关法律包括《中华人民共和国国家安全法》《中华人民共和国数据安全法》；国家标准层面的有《信息安全技术 个人信息安全规范》（GB/T 35273—2020）；行业标准中有中国人民银行颁布并实施的《移动金融基于声纹识别的安全应用技术规范》（JR/T 0164—2018）、《个人金融信息保护技术规范》（JR/T 0171—2020）。这些政策法规的出台为建立数据资产产权，保障国家数据安全，加强个人信息安全起到了保驾护航的作用。

4.2.5 个人语音数据全生命周期的安全建议

对掌控语音数据的数据控制者，特别是正在开展生产运营的智能语音

业务的运营主体，对于语音数据的安全防护考虑应该是多维度、全生命周期的。全生命周期是指数据的收集、存储、传输、使用、共享、转让等关键环节。如果采集的语音是有生物特征属性的数据，就属于个人敏感信息，安全等级更高。以金融行业的声纹产品实施来看，国家标准、行业标准都不是强制遵循标准，属于推荐、引导的规范，虽然通过发文文件要求指定检测机构依照规范进行认证，或以此标准来要求第三方遵循等方式，但运营主体本身应考虑采用一整套全生命周期的个人语音数据技术和管理方案来保护和应用个人语音数据。

4.3　语音 + 普惠服务

4.3.1　新技术的应用要做到普惠

近些年，随着移动互联网、云计算、人工智能等基础设施的升级换代，各类新模式、新形态的智能设备和智能应用如雨后春笋般涌现出来。

新技术带来的便利性惠及千家万户。只要有网络覆盖的地方，哪怕是在深山老林，用户也能在第一时间获取正在发生的社会热点话题。在我们身边，新技术带来的变化比比皆是，以至于我们习以为常：在重大的公共危机中，大数据让人们能够安心出行；图像识别等技术能够及时对不规范行为做出提醒；红外摄像测温技术为公共场所的正常开放提供了有效保障。不过，新技术的应用是一把“双刃剑”。科技工作者在利用新技术加持创新产品时，需要秉持严谨的科学态度和普惠的仁爱之心，让新技术为人们提供无差别服务，为弱势群体提供便利服务。

技术是为人服务的，人不能为技术所累。如果一项技术增加了使用者的负担，要么它是一项落后技术，要么设计使用它的人采用了一种“非普惠”的应用方式。

某企业新开发了一套采用新技术的设备，以实现企业用户信息的安全校验。为了完成用户校验，需要用户本人到企业营业处设备前进行相关信息采集等操作。企业设置该设备的初衷是为了简化用户办事流程，自助完成身份核验等过程，对大多数人来讲很方便。但某高龄老人为了进行该业务的办理，被家人抬到设备前进行现场核验。这件事引起人们热议，事后该企业人员为给老人带来的不便登门道歉，并进行了设备使用流程的优化。由此可知，这个产品设计的最初是“非普惠”的。

新冠肺炎疫情期间，“健康码”这一利器为疫情防控发挥了巨大作用，但在当时应急过程中也不可避免地影响了一些人员（尤其是老年人）的出行。为了解决疫情期间老年旅客出行遇到的困难，多家机场在关注老年旅客出行体验的基础上，持续优化测温查码爱心通道，建立志愿者帮扶机制，方便老年旅客正常出行，采用设备检测为主、人工为辅的方式，从流程上弥补了技术上的不足。

4.3.2 智能语音技术可以提供什么样的普惠服务

语音技术作为一种焕发新生命力的“老”技术，已经与我们相伴几十年了。最近10年，在各类新技术的催化下，语音技术如凤凰涅槃一般，重新回到人们的视野。在各种泛智能设备中得以广泛应用，例如，智能手机、智能音箱、智能门禁、智能家居等，但凡需要操控的场景，语音交互技术都有用武之地。

除了这些我们日常所能直接感知到的场景，在一些事关人民群众切身利益的服务办事流程中，智能语音技术同样能够起到“四两拨千斤”的作用。

1. 智能语音为社保系统异地验证提供有效手段

按照联合国标准，我国从1999年开始迈入老龄化社会，并有加速的趋

势。为了保障广大老年群体的晚年生活，中央财政从 1998 年开始对企业职工基本养老保险制度给予大力支持。随着我国老年人口数量的增长，养老保险覆盖面也越来越广，养老金社会化发放程度不断提高；高速建设和发展的交通运输网络带来人口的频繁流动，养老金异地领取需求不断增加，养老金管理和发放工作的重要性和难度也越来越大，不同地区均有不同程度的虚报冒领现象。最常见的社保欺诈大多发生在养老和医疗领域，例如，存在家属冒领过世老人的退休金，借用他人医保卡就诊的情况。

为了杜绝社保金冒领现象，目前要求退休人员定期进行生存体征验证，根据各省政策规定，验证时间一般是一年 1 ～ 2 次。最初为了进行生存体征认证，老年人需要填写比较复杂的表格且需各部门奔波之间办理业务。从 2018 年开始，社保系统逐步借助生物识别技术进行生存体征验证，例如，指纹和人脸。不过，这两种方式还是会受到时间、地点、设备的限制，难以异地、远程验证，并且对异地老人的经济条件，学习使用智能手机和应用的能力提出了很高的要求。因此，社保机构急需一个不受时间、地点限制，验证准确率高、成本可接受的用于进行生存状态验证的社保远程验证系统。

类似于人们的指纹和 DNA，声纹也是人体独特的个性生物特征。与人脸、指纹和虹膜识别相比，声纹识别有诸多优势，例如，声音采集和验证的方式自然，可远程采集，无须进行眨眼、摆动脸部等特定动作，不受光线或隐私等特定场景的约束，对采集终端要求低，只要有一部普通电话（手机、固话）即可。社保远程验证系统需要预先采集注册老人的声音样本，并抽取出声纹特征；之后，在用户进行生存认证时，将养老金领取人的声纹特征与声纹库中的预留声纹特征进行比对确认，从而能够快速判断养老金领取人是否合法。对于极少量的听力、视力有障碍患者等特殊人群，要辅以人脸、指纹以及人工检查等多手段确认。通过多种技术的结合应用，不仅大幅度降低了冒领的可能性，而且方便了广大老年人、异地退休人员的具体办理流程。

2. 智能语音助力提升电话客服系统用户体验

从1876年贝尔发明电话开始，语音与通信系统就紧密地结合在一起了。受益于各种通信基础理论和技术的研究应用，通信系统在提高通信质量、降低通话延迟和降低通信系统成本等方面得到了快速发展。随着基础通信网络的服务能力不断增强，构建在通信网络之上的各类增值应用层出不穷，为人们的生活和工作带来了便利。其中，各种企业的电话客服系统通过应用包括智能语音技术在内的各类智能技术，围绕着提升用户体验、降低企业人工成本以及客户商机挖掘等方面，打造了丰富多彩的应用场景。

传统的客服系统留给人们的印象是它只是一个“呼叫中心”，场景无外乎两种：一是客服座席人员打电话给客户，客户看到的来电显示号码多以95/96/400/800开头；二是客户呼叫客服电话，电话客服系统提供人工座席或电脑座席为客户服务。

近些年，随着各种新技术的应用，电话客服系统提供服务的方式已发生了很大改变。在不侵犯用户隐私，尽量不改变用户使用习惯的情况下，企业提供更加安全、便捷、差异化的客户服务。

（1）便捷性

一般来说，电话客服系统设立的初衷是为了在用户与企业之间或群众与行政办事机构之间建立有效的沟通渠道，及时响应用户的需求。但在过去的一段时间内，一些电话客服系统的语音导航菜单由于过于复杂、层级过多、无法有效处理用户需求等原因，遭到诟病。

近几年，这种情况已经有所改观。究其原因是服务理念已深入人心，各种窗口类企事业单位在提升用户体验上不仅更用心，还应用了新技术手段。举一个典型例子，之前银行的用户通过电话办理业务，可能需要逐级逐项

听完烦琐的语音导航菜单，才能抵达想要的操作。如今，用户拨通银行的客服电话后，只需要对着话筒说出要办理业务的关键字，系统就能够自动转接给对应的客服座席人员。这个看似简单的流程应用了智能语音识别和自然语言处理等人工智能技术，使电话客服系统能够快速满足用户需求。

（2）差异化

传统电话客服系统基本上提供的是无差别服务。无论打电话的人是谁，提供的客服流程或座席服务方式相差不大，在有些场景下可能会造成用户使用中的不便。目前，市场上已有智能电话客服系统把智能语音技术应用到差异化服务流程中。当有用户呼入时，系统将电话转接座席客服人员之前，可以先通过对用户的语音进行分析，初步判断出用户的性别、年龄，甚至当前的情绪等信息，再根据分析结果将通话转接给合适的座席客服人员。例如，小朋友在拨打客服电话时，当系统分析判断出来电人员是小朋友后，会直接转接到擅长与小朋友沟通的客服座席人员；当带着焦躁情绪的用户拨打客服电话时，系统会将相应的情绪判断结果传递给座席人员，以作为辅助手段，帮助座席人员恰当地处理用户需求，提升用户的满意度。

（3）安全性

在电话客服系统中有一类系统是面向客户账户提供服务，例如，银行客服系统等。在这类客服系统中，业务号码作为用户服务标识，账户中往往保存了用户的有价资产。为了保证用户账户的安全性，在用户办理业务时，系统需要进行充分的安全认证。例如，拨打银行的客服电话会提醒输入账号、电话银行密码以及身份证号码等信息。这种保证认证流程安全性的前提是用户的账号、密码等信息未被他人非法获取。如果用户的账号、密码等信息被盗用后，不法分子很容易通过系统的验证，并进行转账操作，短时间内会给用户造成巨大的损失。可以说，导致风险发生的原因是，系统认证的是“死”的账号，而不是“活”的人。

因此，在现有流程中增加对人的声纹或人脸等生物特征的识别，可以有效消除现有认证方案的弊端。对于我们所关注的电话银行系统，可以考虑把声纹作为辅助认证手段，语音的便利性在这里有所体现，普通电话即可进行认证，不需要额外的智能终端。这种用户无感知的认证过程不仅对用户是友好的，可以使用户广泛使用，而且可大大提高用户的账户安全。

对于其他场景，通过将声纹识别技术与人脸识别技术融合应用，实现多维认证，可进一步增加系统的安全性。目前，已有多家银行的手机银行App将生物识别技术应用在相关业务的辅助认证增强中。

3. 智能语音为智慧城市建设赋能

当前，我国已经将智慧城市写入国家战略，基层治理成为下一阶段社会治理的重要发力点，智慧社区作为智慧城市的基层单元将在基层治理中发挥重要作用，在智慧社区/智慧城市的建设过程中，已吸引大量行业头部公司投入技术。其中，数字孪生技术获得广泛关注，应用数字孪生技术的数字城市将在建筑信息模型和城市三维地理信息系统的基础上利用物联网技术把物理城市的人、事、物以及各种生活要素数字化，在网络空间构造一个与之对应的虚拟城市，形成实体城市和数字城市的共存。可以说，数字孪生城市是数字城市的高级阶段，将使智慧城市更加智慧。智慧社区/智慧城市的运营管理者和城市居民可能每天都将与数字城市发生访问交互。在这样一种架构下，语音技术将在以下方面有所作为。

- 智能语音成为人与城市沟通的首选交互技术。与其他技术的具体方式相比，语音输入要求的门槛低，具备灵活、便捷、高效等优点。
- 融合声纹、人脸、指纹等生物特征的多维认证手段将为人们探索数字城市空间提供有力的安全身份保障。

- 数字城市将依据访问者身份，提供因人而异的内容和服务。

4.3.3　科技和人类的和谐共生

人类出生伊始，在还未能看清这个世界的时候，就发出了与世界交互的第一声，可以说，声音或语音是大自然的恩赐。在技术发展的浪潮下，我们需要深入研究人类自身的声学机理，充分发掘语音的潜能造福人类。“大音希声，大象无形”，我们相信人类能够不断调整自己的生活方式以适应时代的发展，让新技术融入生活，让科技在促进人类与自然和谐共生的过程中，实现科技与人类的和谐共生。

4.4　语音 + 多模态交互

4.4.1　语音交互新挑战和探索

人工智能语音交互技术已经发展多年，近年来，语音交互产品在人机交互应用中已经占到越来越大的比例。在此过程中，语音交互的各项技术取得了巨大的进步，仅从单项技术来看，语音交互已经非常接近甚至超越人的水平；多个技术相互串联融合，使人机交互水平达到前所未有的高度。人机交互发展阶段如图 4-9 所示。

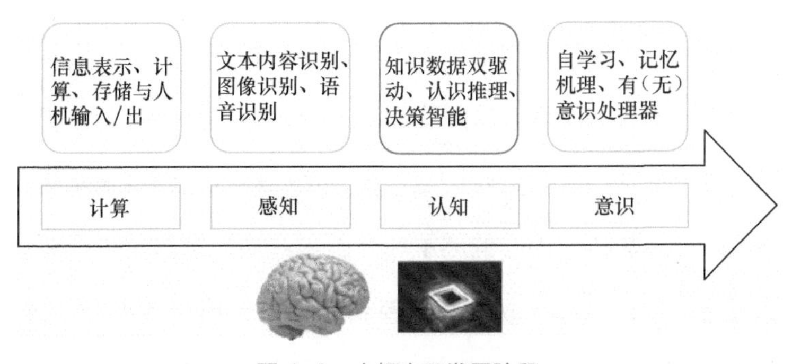

图 4-9　人机交互发展阶段

目前，各个产品依然处于“弱人工智能”阶段，各项技术也已遇到新的门槛，交互过程基本是一问一答的模式，使用者仍能明确区分出人与机器。但是，人们对智能设备的需求日益增长，对产品智能化的预期也越来越高。这些都给探索智能语音单项技术边界、提升整体交互体验等方面带来新的挑战。

4.4.2 多模态交互成为趋势

类比于人类“看、听、闻、感触”，感官层面可以直接接收到的信息包括图像、语音、味道以及触感，信息感知过程是一个有机的整体。而对于计算机来说，技术应用的过程更加碎片化，通常技术领域的应用是垂直且具象的，需要对不同类型的数据进行有针对性的处理和分析。

视觉是人类最重要的感觉通道，外界 80% 的信息通过视觉输入。视觉感知分为信息接收和信息解释两个阶段，针对不同的场景和任务图像，其目标不同，主要进行图像识别和搜索。目前，应用较成熟的是人脸识别和商品识别。图像信息首先通过摄像头采集，再通过算法分析像素信息，包括饱和度、曝光、降噪等，然后再对图像质量进行初步优化处理。图像识别算法模型可对图像进行分析和理解，识别各类不同的目标和对象，提取图像中的目标、文本等关键信息。

听觉感知主要针对人类发音语音数据，同时还包含环境中其他声音的提取和处理。语音信号通常采用话筒阵列进行采集和存储，并构建相应的算法模型，对语音数据进行降噪、质量优化，提升语音数据本身的清晰度。对于语音来说，包含文本内容和语音信号两个方面的输入。语音识别将语音转化为文本，供认知层面语言内容的理解和分析。声纹识别对发音人语音信号建模，以便设备可以区别和确认发音人身份。同时，语音数据中语速、音调、响度、音色等与用户相关的特征信息还可以作为用户辅助系统开展用户画像。

除了视觉感知和听觉感知，其他的数据信息通常采用传感器采集，并进行结构化构建，例如，陀螺仪采集速度、心率计采集心跳、温度计采集温度等。灵活应用的传感器，同时配合场景应用规则，将促进多数据融合和增强应用，丰富信息输入内容要素，促进智能决策分析的高效和准确。

目前，计算机在单一模态的感知上虽然已经取得了一定的成果，但是在多模感知的发展上遭遇瓶颈。信息系统的工作方式不同于大脑，难以有效地将视觉、声音、语言、触觉这些感知信息高效融合。在多模融合感知系统中，数据统一化处理和建模非常关键，同时系统需要考虑如何将对多模信息的感知转化为对客观世界的认知。当前，人工智能应用多为针对单一模态的感知处理，难以达到对客观世界的全面认知，多模态融合感知将通过多维数据综合分析，成为提高人工智能决策精准度的重要手段。

4.4.3　语音助手向智慧助手发展

人工智能经历了计算智能、感知智能，已经迈入认知智能的技术阶段，从快速计算和记忆存储能力，视觉、听觉、触觉等感知能力，向具有推理、可解释性的认知能力演进，最终实现情景自适应的知识推理和学习。目前，语音助手是人机交互的主要方式，成为智能手机、智能音箱、智能可穿戴设备等必备的应用之一。尽管如此，图像目标识别、视觉业务体验受限于具体的场景，不具有通用性。

在实际场景中，话筒、摄像头和各类传感器可以采集到大量如语音、文本、表情、姿态等人类多模态行为数据，未来智慧助手将不只局限于单模、单场景，而是趋向“多模知识分析、多端协同共享、多场景自适应融合”的智慧助手。智慧助手能力结构如图 4-10 所示。

信息感知和认知是智慧助手的“大脑”，通过对感知到的各类要素信息进行知识推理，识别上下文并结合场景进行具体理解，在打断、容错和纠错等方面，准确理解用户意图，并提供相应的决策信息。

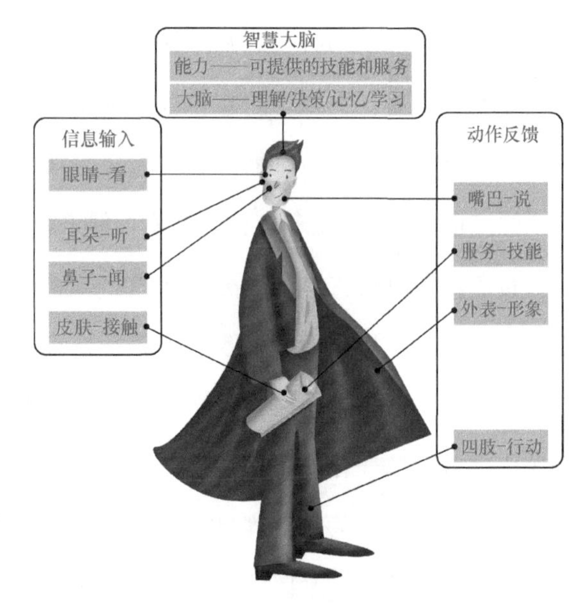

图 4-10　智慧助手能力结构

认知通常是核心中枢，涉及多方面的算法和策略，认知过程也是相对独立和相互依赖的，一个任务可能同时涉及多个认知过程。例如，智慧助手在辅助人购物时，就涉及识别、对话、思考、推荐、决策等过程。

认知过程涉及多个类型和过程，包括语言和图像信息理解、注意力机制、记忆和学习。语言和图像信息处理在感知层面进行深层次的理解和分析，包括用户意图识别、情感计算，从而训练感知、识别和理解人的情感能力，促进人机交互和谐。注意力机制源于对人类视觉的研究，系统选择性地关注部分信息，同时忽略其他信息，从而实现系统对具体任务高效的认知。记忆，系统通过用户画像将特征信息和事件进行编码识记，并有序地组织和存储，当再次触发系统时，可以对信息快速有效提取。学习则是按照一定的目标，针对特定任务场景进行思维推理，包括理解问题、思考问题和推理决策，通过经验和知识积累逐渐选择最优的策略完成任务，并可以预测结果。

智慧助手将和人类一样具备对信息和知识认知、思考、推理、记忆的能力，实现多场景和任务的自适应，辅助人执行实际的工作，未来将拥有更大范围的产业空间。

结束语

现代人工智能技术是基于对人类感知、认知能力，以及人际交流能力的全面模拟。

人的6种基本功能感官眼、鼻、耳、手、口、脑对应的6种能力是眼识、耳识、鼻识、舌识、身识、意识。这些感官和能力构成了人类的基本信息输入系统（Input System）、处理系统（Processing System）和输出系统（Output System）。在上述能力中，重要且复杂的是视觉听觉能力、思维能力和语言能力。我们扩展看来，它们分别对应着当前人工智能技术的3个核心子领域，即音视频技术、人工智能思维和自然语言理解技术。其中，视频技术和语音技术都已达到实用能力，而人工思维能力则尚处于萌芽状态。

在本书的最后部分，我们尝试对智能语音技术及整个人工智能技术做一下总结和展望。

一、成就和挑战

在上述三大人工智能技术中，智能语音技术的起步最早，也是最先实现社会应用的技术。通过本书的介绍，我们不难发现，智能语音技术经过了多代发展，正变得越来越强大，越来越便捷。在语音合成领域，现有的合成技术在“可懂度”和“自然度”方面都已达到很高的程度，甚至还可以实现音色变化和方言语音合成。在语音识别领域，在良好的环境下，语音识别的速度和准确性都逼近甚至超越了人类，语音输入法、机器翻译等应用软件给人们带来了极大的便利。在人机“对话”方面，聊天机器人的对话内容和质量几乎可以达到以假乱真的程度，基本通过了“图灵测试”的标准。

当然，在看到成就的同时，我们也知道智能语音技术还存在很多困难和挑战。在语音合成领域，目前，合成的语音多是发音规范、风格一致的“播音员”式语音，还难以合成出情感化、个性化语音，以及局部风格变化的语音。在语音识别领域，复杂声学环境中的语音、方言语音、多语种混杂语音、带有特殊用语（例如专业术语）的语音的识别准确率还较低。而对聊天机器人而言，仍尚未具备真正的意识和思维，其对话内容仍然按照预定的状态逻辑进行应答，自身并不能理解其发音的任何意义。

不难看出，对于智能语音领域而言，成就和不足同在，机遇和困境并存。但是我们相信，随着语音科技的发展，尤其是该领域“产、学、研”一条龙的形成，一个正向激励的“闭环”正在形成——越来越多的力量和资源正在进入该领域，给智能语音技术的持续发展带来源源不断的动力，必将推动语音技术及产业越来越兴旺发达。

二、人类正处于科技大爆炸的前夜

如果从未来的若干年后回望，我们今天可能正处在一次前所未有“科技大爆炸”的前夜。近几十年来，迅猛发展的芯片、存储器、传感器、互联网、新能源、新材料等技术，带来了计算能力、

存储能力、探测能力、连接能力、动力资源和实用性能的迅速提升，为科技革命做了硬件方面的充分准备。而各个科学领域，以及大数据、机器学习等计算机技术的发展，则为科技革命做了软件方面的准备。随着各领域技术的继续发展和广泛交互，一次前所未有的科技大爆炸正逐步来临。它必将把人类的科技和文明带入一个新的纪元。

人工智能将会是这个科技新时代的核心领域，而其发展的标志性事件则可能是人工智能自主思维和意识的产生——这也是我们前面提到的人工智能三大核心子领域的最后一个。当前科学家正从多个不同方向向该领域进发。一方面是从硬件视角入手，研究大脑的结构、功能和机理入手，力图理解并模拟大脑的运行机制，制造出人工大脑和脑机接口。另一方面是从软件视角入手，试图理解意识和思维的本质。在该方面，语言科学和智能语音技术仍将会承担重要角色。因为语言是思维的工具，也是意识的物质载体。语言科学和自然语言处理技术，尤其是其对语义的表达和运算，将会是研究高层意识和思维的基础。

三、科技将把人类带入新的时代

在科技大发展的同时，它也必将对人类社会的发展产生根本性影响。这种影响一方面体现在物质（或生产力）方面，另一方面体现在意识（或生产关系）方面。

从物质和生产力角度看，地球上的各种物种生命均受体力、脑力和寿命等生理因素制约，其个体能力必然存在上限。这个上限将会把该物种的能力和其文明水平“锁死”在一个特定限度内，难以实现突破。

不过，科技的发展首次使人类看到了突破物种局限性的可能。科技使人类的能力得以不断增强和扩展——各种机械使人类的力量、速度等物质能力不断增强，而人工智能技术则使人类的记忆、思维等智慧能力获得提升，尤其是其中的人脑接口等技术，有可能使人类突破物种的终极限制——寿命及其对物种智慧和文明的限制。具体来说，如果人脑和机器之间可以实现信息交互和复制，则人类知识的积累和传承将会跨越个体和代际，人类思想和智慧也将实现真正的“永生”。

科技力量不仅会推动人类物质生产力的进步，还会促进人类思想水平和社会关系的发展。正如两次工业革命给人类社会带来的思想洗礼一样，以人工智能为代表的科技力量对整个人类思想文明的发展也将带来巨大影响。科技发展将极大改变人类对自然、社会的观点，以及它们之间的关系。尤其是当上述人类智慧突破原有物种限制后，人类将对世界的本质有更加深刻的认识，其视角将逐步靠近“上帝”的视角——如果说，当初人类是因为偷吃了“智慧果”而被上帝逐出了伊甸园，那么智慧和科技将会使人类不断发展，并重返伊甸园。

四、重视科技伦理，让科技使世界变得更美好

科技是柄双刃剑。当我们看到科技带给人类的巨大力量和利益时，我们也必须警惕它可能带来的负面影响。

这种威胁有可能体现在几个方面，其一是对人与人关系的影响，如部分团体有可能通过科技力量对其他人的正当权益造成侵害，包括科技滥用甚至是高科技犯罪等。其二是对人与机器关系的影响，如未来智能机器人可能对人类造成的威胁，或者未来智

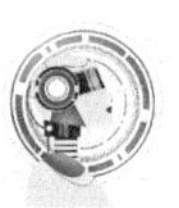

能机器人“权益”的伦理问题等。其三是人类和科技力量可能对大自然或其他物种的影响，如苏联切尔诺贝利、日本福岛等核泄漏对于环境和生物造成的危害等。

不过综合来看，上述威胁与其说是由科技带来的，不如说是由掌握科技的人带来的。如果人类不能把迅猛发展的科技力量控制在正确轨道上，那带来的后果有可能是灾难性的。所以，在发展科技的同时，我们一定要重视人类自身思想、行为的教化、规范与约束，使我们的道德水平和知识素养能够正确控制、驾驭手中强大的科技力量。

最后，我们对科技进步和人类发展始终持有乐观态度。康德说过：“有两种东西，我对它们的思考越是深刻、持久，我的钦佩和敬畏就越日新月异，不断增长——这就是我头顶的星空和心中的道德。”我们相信在未来，随着文明的发展，人类的道德素养与科技水平定将相互促进、不断发展。我们一定会通过自然与人性的考验，用手中的科技把地球这颗蔚蓝色星球建设成为宇宙中最美好、光明的家园！

编著者

2021 年 10 月

1. Seide F，Li G，Yu D. Conversational speech transcription using context-dependent deep neural networks[C]//Twelfth annual conference of the international speech communication association. 2011.
2. Amodei D，Ananthanarayanan S，Anubhai R，et al. Deep speech 2: End-to-end speech recognition in english and mandarin[C]//International conference on machine learning. PMLR，2016: 173-182.
3. Chan W，Jaitly N，Le Q V，et al. Listen，attend and spell[J]. arXiv preprint arXiv:1508.01211，2015.
4. 全国信息技术标准化技术委员会 . SJ/T 11380-2008《自动声纹识别(说话人识别)技术规范》概述 [J]. 信息技术与标准化，2008(8):27-29.
5. Dehak N，Kenny P J，Dehak R，et al. Front-end factor analysis for speaker verification[J]. IEEE Transactions on Audio，Speech，and Language Processing，2010，19(4): 788-798.
6. Heigold G，Moreno I，Bengio S，et al. End-to-end text-

dependent speaker verification[C]//2016 IEEE International Conference on Acoustics，Speech and Signal Processing (ICASSP). IEEE，2016: 5115–5119.

7. Waibel A，Hanazawa T，Hinton G，et al. Phoneme recognition using time-delay neural networks[J]. IEEE transactions on acoustics，speech，and signal processing，1989，37(3): 328–339.
8. Snyder D，Garcia-Romero D，Sell G，et al. X-vectors: Robust dnn embeddings for speaker recognition[C]//2018 IEEE International Conference on Acoustics，Speech and Signal Processing (ICASSP). IEEE，2018: 5329–5333.
9. Das R K，Tao R，Yang J，et al. HLT-NUS Submission for NIST 2019 Multimedia Speaker Recognition Evaluation[J]. arXiv preprint arXiv:2010.03905，2020.
10. 张斌，全昌勤，任福继 . 语音合成方法和发展综述 [J]. 小型微型计算机系统，2016，37(1): 186–192.
11. Oord A，Dieleman S，Zen H，et al. Wavenet: A generative model for raw audio[J]. arXiv preprint arXiv:1609.03499，2016.
12. Oord A，Li Y，Babuschkin I，et al. Parallel wavenet: Fast high-fidelity speech synthesis[C]//International conference on machine learning. PMLR，2018: 3918–3926.
13. Ping W，Peng K，Chen J. Clarinet: Parallel wave generation in end-to-end text-to-speech[J]. arXiv preprint arXiv:1807.07281，2018.

14. Wang Y, Skerry-Ryan R J, Stanton D, et al. Tacotron: Towards end-to-end speech synthesis[J]. arXiv preprint arXiv:1703.10135, 2017.

15. Shen J, Pang R, Weiss R J, et al. Natural tts synthesis by conditioning wavenet on mel spectrogram predictions[C]//2018 IEEE International Conference on Acoustics, Speech and Signal Processing (ICASSP). IEEE, 2018: 4779-4783.

16. Arık S Ö, Chrzanowski M, Coates A, et al. Deep voice: Real-time neural text-to-speech[C]//International Conference on Machine Learning. PMLR, 2017: 195-204.

17. Mehri S, Kumar K, Gulrajani I, et al. SampleRNN: An unconditional end-to-end neural audio generation model[J]. arXiv preprint arXiv:1612.07837, 2016.

18. Sotelo J, Mehri S, Kumar K, et al. Char2wav: End-to-end speech synthesis[J]. 2017.

19. Kim Y. Convolutional Neural Networks for Sentence Classification[J]. Eprint Arxiv, 2014

20. Joulin A, Grave E, Bojanowski P, et al. Bag of tricks for efficient text classification[J]. arXiv preprint arXiv:1607.01759, 2016.

21. Yang Z, Yang D, Dyer C, et al. Hierarchical attention networks for document classification[C]//Proceedings of the 2016 conference of the North American chapter of the association for computational linguistics: human language

technologies. 2016: 1480–1489.

22. Liu Y. Fine–tune BERT for extractive summarization[J]. arXiv preprint arXiv:1903.10318，2019.
23. Bojarski M，Del Testa D，Dworakowski D，et al. End to end learning for self–driving cars[J]. arXiv preprint arXiv:1604.07316，2016.
24. Redmon J，Divvala S，Girshick R，et al. You only look once: Unified，real–time object detection[C]//Proceedings of the IEEE conference on computer vision and pattern recognition. 2016: 779–788.
25. Miao Y，Gowayyed M，Metze F. EESEN: End–to–end speech recognition using deep RNN models and WFST–based decoding[C]//2015 IEEE Workshop on Automatic Speech Recognition and Understanding (ASRU). IEEE，2015: 167–174.
26. Devlin J，Chang M W，Lee K，et al. Bert: Pre–training of deep bidirectional transformers for language understanding[J]. arXiv preprint arXiv:1810.04805，2018.
27. Brown T B，Mann B，Ryder N，et al. Language models are few–shot learners[J]. arXiv preprint arXiv:2005.14165，2020.
28. Courbariaux M，Bengio Y，David J P. Binaryconnect: Training deep neural networks with binary weights during propagations[C]//Advances in neural information processing systems. 2015: 3123–3131.

29. Courbariaux M，Hubara I，Soudry D，et al. Binarized neural networks: Training deep neural networks with weights and activations constrained to +1 or −1[J]. arXiv preprint arXiv:1602.02830，2016.
30. Han S，Mao H，Dally W J. Deep compression: Compressing deep neural networks with pruning, trained quantization and huffman coding[J]. arXiv preprint arXiv:1510.00149，2015.
31. 高晗，田育龙，许封元，等 . 深度学习模型压缩与加速综述 [J]. 软件学报，32(1):25.
32. Todisco M，Wang X，Vestman V，et al. ASVspoof 2019: Future horizons in spoofed and fake audio detection[J]. arXiv preprint arXiv:1904.05441，2019.